Kavitha Selvaraj Prakash

Ocultação de erros de imagem

Kavitha Selvaraj Prakash

Ocultação de erros de imagem

ScienciaScripts

Imprint

Cover image: www.ingimage.com

This book is a translation from the original published under ISBN 978-3-659-84850-6.

Publisher:
Sciencia Scripts
is a trademark of
Dodo Books Indian Ocean Ltd. and OmniScriptum S.R.L publishing group

120 High Road, East Finchley, London, N2 9ED, United Kingdom
Str. Armeneasca 28/1, office 1, Chisinau MD-2012, Republic of Moldova, Europe
Managing Directors: Ieva Konstantinova, Victoria Ursu
info@omniscriptum.com

Printed at: see last page
ISBN: 978-620-8-64706-3

ÍNDICE DE CONTEÚDOS

Capítulo 1

INTRODUÇÃO

A. Introdução ao processamento de imagens

Uma das primeiras aplicações de técnicas de processamento de imagem na primeira categoria foi a melhoria das fotografias digitalizadas de jornais enviadas por cabo submarino entre Londres e Nova Iorque.

As técnicas de processamento de imagens digitais são atualmente utilizadas para resolver uma variedade de problemas. Por exemplo, os procedimentos informáticos melhoram o contraste ou codificam os níveis de intensidade em cores para facilitar a interpretação de radiografias e outras imagens biomédicas. Os geógrafos utilizam as mesmas técnicas ou técnicas semelhantes para estudar padrões de poluição a partir de imagens aéreas e de satélite. Os procedimentos de melhoramento e restauro de imagens são utilizados para processar imagens degradadas de objectos irrecuperáveis ou resultados experimentais demasiado dispendiosos para duplicar. Na arqueologia, os métodos de processamento de imagens conseguiram restaurar com êxito imagens desfocadas que eram os únicos registos disponíveis de artefactos raros perdidos ou danificados após terem sido fotografados. Na física e domínios afins, as técnicas informáticas melhoram regularmente as imagens de experiências em áreas como os plasmas de alta energia e a microscopia eletrónica. Aplicações igualmente bem sucedidas de conceitos de processamento de imagem podem ser encontradas em astronomia, biologia, medicina nuclear, aplicação da lei, defesa e aplicações industriais.

A imagem monocromática refere-se a uma função bidimensional de intensidade luminosa f(x, y), em que x e y denotam coordenadas espaciais e o valor de f em qualquer ponto (x, y) é proporcional ao brilho (ou nível de cinzento) da imagem nesse ponto.

Fundamentos da imagem

Uma imagem digital é uma imagem f(x,y) que foi digitalizada tanto em coordenadas espaciais como em luminosidade. Uma imagem digital pode ser considerada uma matriz cujos índices de linha e coluna identificam um ponto na imagem e o valor correspondente do elemento da matriz identifica o nível de cinzento no ponto. Os elementos de uma matriz digital deste tipo são designados por elementos de imagem, elementos de imagem, pixéis ou animais de estimação, sendo os dois últimos abreviaturas comuns de "elemento de imagem".

Existem cinco passos no Processamento Digital de Imagens.

1. Aquisição de imagens
2. Pré-processamento
3. Segmentação
4. Descrição (ou) Seleção de elementos
5. Reconhecimento e interpretação

A aquisição de imagens consiste em adquirir uma imagem digital.

O pré-processamento destina-se a melhorar a imagem; trata de técnicas para aumentar o contraste e remover o ruído. O restauro de imagens remove ou minimiza algumas degradações conhecidas numa imagem. Pode ser visto como um tipo especial de melhoramento de imagens. As degradações mais comuns têm a sua origem em imperfeições ou nos sensores, ou na transmissão. Parte-se do princípio de que é conhecido um modelo matemático do processo de degradação, ou que este pode ser derivado através da análise de outras imagens de entrada. Assume-se que o processo de degradação é linear e invariante em termos de deslocação (^Sistemas lineares invariantes em termos de deslocação):

g=f(*)h+n,

onde /é a imagem original, h uma função de degradação (a função de espalhamento de pontos), *n* é um sinal indesejável assumido como aditivo (ruído), e g é a imagem registada ((*) significa convolução). Na figura seguinte queremos ilustrar a desfocagem de um texto na ausência de ruído n, por filtragem inversa no domínio da frequência.

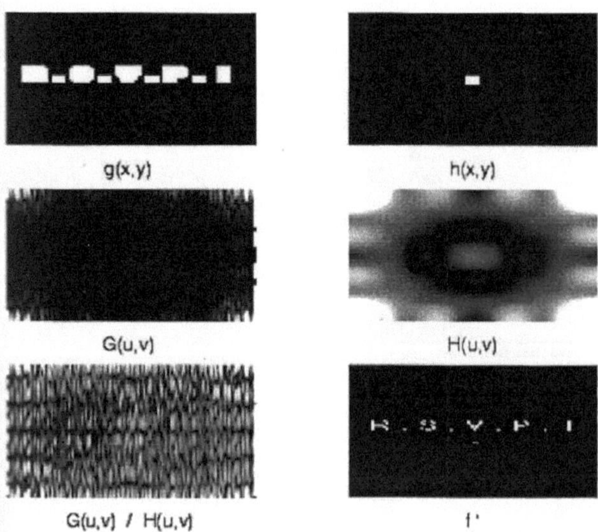

Assumimos que os quadrados na imagem *g(x,y)* provêm de pontos nítidos na imagem original *f(x,y),* e utilizamos esta função *h(x,y)* como uma estimativa para a função de dispersão de pontos. As duas imagens do meio mostram as correspondentes transformadas de Fourier *G(u,v)* e *H(u,v)*. Uma estimativa da função original *f(x,y)* é

$$\frac{G(u,v)}{H(u,v}$$

então obtida pela transformada inversa de Fourier de

$$R(u,v) = \frac{1}{H(u,v)}$$

O *filtro de restauro* neste caso foi

Este problema é, em geral, mal condicionado, se $H(u,v)$ for pequeno ou nulo. Muitas vezes, define-se $R(u,v)$ como zero nos pontos em que $|H(u,v)|$ é pequeno.

O principal problema dos filtros inversos é a amplificação do ruído. Foram sugeridas diferentes soluções para o restauro ótimo de imagens individuais. Wiener derivou uma solução óptima no sentido estatístico para o problema geral. Derivou um filtro de restauro que minimiza o erro quadrático médio entre a imagem degradada e a original, e chegou à seguinte função de transferência:

R((UV)\= -________________________ \HM\^2 ____________
' H(u,v) H(u,v) \H(u,v)\^2+S_nn(u,v)/Sff(u,v)

Onde $\mathbf{S_{nn}}$ e $\mathbf{S_{ff}}$ são os espectros de potência do ruído e do sinal, respetivamente. Estes têm de ser conhecidos a priori, o que limita a utilidade prática do filtro. Por vezes, o ruído pode ser considerado como ruído branco: $\mathbf{S_{nn}}$ = constante. A única coisa de que se precisa então é a potência do sinal de um "modelo" S_{ff}. Se a potência do ruído for zero, o filtro de Wiener torna-se um filtro inverso normal. Por vezes, o rácio entre a potência do ruído e a potência do sinal pode ser estimado por uma constante K:

A segmentação divide uma entrada nas suas partes ou objectos constituintes.

A descrição trata da extração de caraterísticas que resultam em alguma informação quantitativa de interesse ou caraterísticas que são básicas para diferenciar uma classe de objectos de outra.

$$R(u,v) = \frac{1}{H(u,v)} \frac{|H(u,v)|^2}{|H(u,v)|^2 + K}$$

O reconhecimento é o processo que atribui uma etiqueta a um objeto com base na informação fornecida pelos seus descritores.

B. Introdução à IDL

Explicação sobre IDL

A IDL (Interactive Data Language) é um ambiente informático completo para a análise e visualização interactiva de dados. A IDL integra uma linguagem poderosa, orientada para matrizes, com numerosas técnicas de análise matemática e de visualização gráfica. A programação em IDL é uma alternativa que poupa tempo à programação em FORTRAN ou C. Utilizando IDL, as tarefas que requerem dias ou semanas de programação com linguagens tradicionais podem ser realizadas em horas. Os dados podem ser explorados interactivamente utilizando comandos IDL e podem ser criadas aplicações completas escrevendo programas IDL.

As vantagens da análise incluem:

Muitas rotinas de análise numérica e estatística - incluindo rotinas de receitas numéricas - são fornecidas para análise e simulação de dados. A compilação e execução de comandos IDL fornece feedback instantâneo e interação prática.

Os operadores e as funções funcionam em arrays inteiros (sem utilizar loops), simplificando a análise interactiva e reduzindo o tempo de programação.

Os recursos flexíveis de entrada/saída da IDL permitem-nos ler qualquer tipo de formato de dados personalizado.

As vantagens da visualização incluem:

A plotagem rápida em 2D, a plotagem multidimensional, a visualização de volumes, a apresentação de imagens e a animação permitem a observação imediata dos resultados do seu cálculo.

Suporte para gráficos acelerados por hardware baseados em Open GL.

As vantagens do desenvolvimento de aplicações incluem

- A IDL é uma linguagem completa e estruturada que pode ser utilizada de forma interactiva e para criar funções, procedimentos e aplicações sofisticadas.

- As Intelligent Tools (iTools) da IDL podem ser personalizadas com as suas próprias operações ou manipulações de dados.
- Os widgets IDL podem ser utilizados para criar rapidamente interfaces gráficas de utilizador multiplataforma para os seus programas IDL.
- As rotinas FORTRAN e C existentes podem ser ligadas dinamicamente à IDL para adicionar funcionalidades especializadas. Alternativamente, os programas C e FORTRAN podem chamar as rotinas IDL como uma biblioteca de sub-rotinas ou um mecanismo de exibição.
- Os programas IDL são executados em todas as plataformas suportadas (UNIX, Macintosh e Microsoft Windows) com pouca ou nenhuma modificação. Esta portabilidade da aplicação permite-lhe suportar facilmente uma variedade de computadores.

Componentes do IDLDE

O Ambiente de Desenvolvimento IDL (IDLDE) é uma conveniente interface gráfica de utilizador de múltiplos documentos que inclui ferramentas de edição e depuração incorporadas. Esta secção descreve brevemente os componentes do IDLDE.

Barra de menus

A barra de menus, localizada na parte superior da janela principal do IDLDE, permite-lhe controlar várias funcionalidades do IDLDE. Quando se seleciona uma opção de um item de menu na IDLDE, a barra de estado apresenta uma breve descrição.

Premir a tecla Alt mais a letra sublinhada no título do menu. Por exemplo, para visualizar o menu Ficheiro, prima Alt+F.

Premir a tecla Alt mais a letra sublinhada no título do menu e, em seguida, premir a letra sublinhada no item de menu. Por exemplo, para selecionar o item de menu Abrir Ficheiro, prima Alt+F+O.

Muitos itens (em cada plataforma) têm atalhos de teclado apresentados à direita da opção de menu correspondente.

A barra de menu é composta pelos seguintes itens de menu:

Item do menu

Descrição das funções

Menu Ficheiro :-

O Menu Ficheiro dá-lhe opções como abrir, fechar e criar novas janelas do Editor e Projectos e outras opções como imprimir, configurar a impressora, preferências e sair da IDL.

Menu Editar :-

O menu Editar fornece opções relacionadas com a edição, tais como anular, refazer, cortar, copiar, colar, eliminar, selecionar tudo, limpar tudo e limpar o registo.

Menu de pesquisa :-

O menu Procurar permite-lhe procurar texto nas janelas do Editor atualmente activas, bem como outras opções como procurar novamente, procurar seleção, introduzir seleção, substituir, substituir e procurar, ir para a linha e ir para a definição.

Menu Executar :-

Os itens do menu Executar são ativados quando um programa IDL é carregado em uma janela do Editor IDL. O menu executar permite-lhe funcionalidades relacionadas com o programa, tais como compilar, resolver dependências, reiniciar e editar programas, entre outras coisas.

Menu Projeto :-

O menu Projeto fornece funcionalidades relacionadas com o projeto, tais como adicionar / remover ficheiros, agrupar e mover ficheiros, construir, executar e exportar projectos, etc.

Menu Macros :-

O menu Macro fornece funcionalidade para criar novas macros e usar macros existentes em IDL.

Menu Janela :-

O Menu Janela fornece funcionalidades relacionadas com as janelas do Painel de Múltiplos Documentos.

Menu Ajuda :-

O Menu Ajuda permite-lhe chamar a Ajuda Online da IDL. Pode chamar todo o sistema de Ajuda Online no Visualizador de Ajuda Online IDL ou encontrar ajuda por tópico.

Barras de ferramentas:-

Existem três barras de ferramentas no IDLDE: Standard, Run & Debug e Macros. Além disso, quando uma janela do IDL GUI Builder é aberta (somente Windows), sua barra de ferramentas associada é exibida. Quando se posiciona o ponteiro do rato sobre um botão da barra de ferramentas, a barra de estado apresenta uma breve descrição. Se clicar num botão da barra de ferramentas que representa um comando IDL, o comando IDL emitido é apresentado no Registo de Saída. Exiba ou oculte as barras de ferramentas fazendo seleções entre os itens das Barras de Ferramentas do Windows. Janela Projeto

A janela Project Window apresenta informações sobre o projeto atual que tem aberto no IDLDE. Os Projectos IDL permitem-lhe desenvolver facilmente aplicações em IDL. Através de um Projeto, pode compilar, executar e criar distribuições da sua aplicação IDL. O IDL 9

A Janela de Projeto permite-lhe aceder e gerir todos os ficheiros necessários para a sua aplicação. Isto facilita a criação de uma distribuição para outros programadores, colegas ou utilizadores.

Painel de vários documentos

A secção da janela IDL principal onde as janelas do Editor IDL e do GUI Builder são exibidas é conhecida como o painel de múltiplos documentos. Qualquer número de ficheiros pode ser aberto ao mesmo tempo. É possível aceder a diferentes ficheiros a partir do menu do Windows, clicando no ficheiro apropriado.

Editor Windows

As janelas do Editor IDL permitem-lhe escrever e editar programas IDL (e outros ficheiros de texto) a partir da IDL. Qualquer número de janelas do Editor pode existir simultaneamente. Nenhuma janela do Editor é aberta quando a IDL é iniciada pela primeira vez. As janelas do Editor podem ser criadas selecionando Arquivo Novo ou Arquivo Aberto de 20 entradas e um máximo de 100 entradas. Selecione uma entrada para reemitir o comando.

GUI Builder Windows

No Microsoft Windows, as janelas do IDL GUI Builder permitem-lhe criar interactivamente interfaces de utilizador. O código IDL é gerado para definir a interface e o código para conter as rotinas de tratamento de eventos também é gerado. É possível modificar o código, compilar e executar a aplicação no IDLDE. Para abrir uma janela do GUIBuilder, pode selecionar Ficheiro Novo GUI ou pode selecionar Ficheiro Abrir.

Janelas gráficas

As janelas de gráficos IDL não são mostradas no Painel de Múltiplos Documentos, mas aparecem quando usa IDL para traçar ou mostrar dados. Pode copiar o conteúdo de uma janela de gráficos - iTool, Object ou Diret - diretamente para a área de transferência do sistema operativo num formato bitmap usando Ctrl+C.

Quando uma janela de gráficos IDL é minimizada (iconizada), o ícone exibe o nome da janela IDL. Este ícone aparece na área de trabalho, e não no Painel de Documentos Múltiplos , como acontece com uma janela iconizada do Editor.

Linha de comando

A Linha de Comando é um prompt IDL onde pode introduzir comandos IDL. O texto produzido pelos comandos IDL é apresentado na janela Registo de Saída. A IDL é uma linguagem interpretada e os comandos introduzidos na Linha de Comando são executados imediatamente. Para ver a Linha de Comando IDL em ação, digite o seguinte na Linha de Comando no prompt IDL e pressione Enter:

```
print, 'Hello World!'
```

Se clicar no botão direito do rato enquanto estiver posicionado sobre a Linha de Entrada de Comandos, aparece um menu que apresenta o histórico de comandos, com uma memória intermédia predefinida de 20 entradas e um máximo de 100 entradas. Selecione uma entrada para reemitir o comando. Consulte Recuperação de comandos para obter informações adicionais sobre o buffer de recuperação de comandos.

Registo de saída

A saída do IDL é exibida na janela Output Log, que aparece por padrão quando o IDLDE é iniciado pela primeira vez. Observe o resultado do nosso comando de impressão no Registo de Saída.

Se clicar com o botão direito do rato enquanto estiver posicionado sobre o registo de saída, aparece um menu de contexto que lhe permite passar para um erro específico ou limpar o conteúdo do registo de saída. Uma opção adicional do menu de contexto apenas para Windows permite-lhe copiar o conteúdo selecionado.

Janela do relógio variável

A janela Variable Watch aparece por defeito quando se inicia o IDLDE. Mantém o registo das variáveis à medida que aparecem e mudam durante a execução do programa (existem separadores para ver as variáveis por tipo; Locais, Parâmetros,

Comuns e Sistema). Para mais informações sobre a janela Variable Watch, consulte A janela Variable Watch.

Barra de estado

Quando se posiciona o ponteiro do rato sobre um botão do Painel de Controlo ou da Barra de Ferramentas ou se seleciona uma opção de um menu no IDLDE, a Barra de Estado apresenta uma breve descrição.

Atracagem/desatracagem

Na IDL para Windows, quatro secções da IDLDE podem ser movidas dentro e fora da janela principal da IDLDE: as barras de ferramentas, o registo de saída, a janela de observação de variáveis e a linha de comando. Clique na borda e arraste o botão esquerdo do rato. Verá que o contorno da secção escolhida se move com o seu rato. Quando uma localização é escolhida, solte o botão do rato para encaixar a janela. Se mover este contorno de modo a que se sobreponha a um bordo do espaço da janela que está a ser utilizado pelo IDLDE, a secção será encaixada no lado disponível mais próximo da janela principal do IDLDE. As barras de ferramentas, o registo de saída, a janela de observação de variáveis e a linha de comando permanecerão entre a barra de menus e a barra de estado quando encaixadas. Elas podem ser acopladas em qualquer ordem a uma borda. Se o contorno não se sobrepuser a uma aresta, a secção flutuará na área de trabalho. Se mantiver premida a tecla [Ctrl], as secções irão flutuar em vez de se acoplarem ao lado disponível mais próximo do IDLDE.

Botões do painel de controlo

Em IDL para UNIX, os botões do Painel de controlo emitem comandos IDL para a janela do Editor atualmente selecionada, quando premidos. O comando IDL emitido é exibido no Log de saída. Por padrão, há três barras de ferramentas diferentes e os botões exibidos, bem como os comandos que eles emitem, são completamente configuráveis (consulte Definindo preferências de IDL para saber mais sobre essas barras de ferramentas). Quando se posiciona o ponteiro do rato sobre um Botão do Painel de Controlo, a Barra de Estado apresenta uma breve descrição.

Processamento de imagens - Melhoria do contraste e filtragem

ADAPT_HIST_EQUAL - Efectua a equalização adaptativa do histograma

BUTTERWORTH - Devolve o valor absoluto do núcleo Butterworth passa-baixo.

BYTSCL - Dimensiona todos os valores de uma matriz para um intervalo de bytes.

CANNY - Implementa o algoritmo de deteção de arestas Canny.

CONVOL - Convolve dois vectores ou matrizes.

DIGITAL _ FILTER - Calcula os coeficientes de um filtro digital não recursivo.

FFT - Devolve a Transformada Rápida de Fourier de uma matriz.

HILBERT - Constrói uma transformada de Hilbert.

HIST_EQUAL - Histograma iguala uma imagem.

IR_FILTER - Efectua o filtro de resposta ao impulso infinito ou finito nos dados.

LEEFILT - Executa o algoritmo de filtro Lee numa matriz de imagens.

MEDIAN - Retorna o valor mediano da Matriz ou aplica um filtro mediano.

ROBERTS - Devolve uma aproximação da otimização de extremidades Roberts.

SMOOTH - Suaviza com uma média de vagão.

SOBEL - Retorna uma aproximação do aprimoramento de borda Sobel.

UNSHARP_MASK - Executa um filtro de nitidez sem máscara de nitidez em uma matriz bidimensional ou em uma imagem TrueColor.

Extração de caraterísticas/Segmentação de imagens

CONTOUR - Desenha um traçado de contorno.

DEFROI - Define uma região de interesse irregular de uma imagem.

HISTOGRAM - Calcula a função de densidade de uma matriz.

HOUGH - Devolve a transformada de Hough de uma imagem bidimensional.

ESTATÍSTICAS DE IMAGEM - Calcula estatísticas de amostra para uma determinada matriz de valores.

ISOCONTOUR - Interpreta o algoritmo de contorno encontrado no objeto IDLgrContour.

ISOSURFACE - Devolve triângulos topologicamente consistentes utilizando a decomposição tetraédrica orientada.

LABEL-REGION - Rotula regiões (bolhas) de uma imagem de dois níveis.

MAX - Retorna o valor do maior elemento da Matriz.

MEDIAN - Retorna o valor mediano da Matriz ou aplica um filtro mediano.

MIN - Devolve o valor do elemento mais pequeno de uma matriz.

PERFIS - Examina interactivamente os perfis de imagem.

RADON - Devolve a transformada de Radon de uma imagem bidimensional.

REGION-GROW - Efetuar o crescimento da região.

SEARCH2D - Encontra "objectos" ou regiões de dados semelhantes dentro de uma matriz 2D.

THIN - Devolve o "esqueleto" de uma imagem de dois níveis.

UNIQ - Devolve os subscritos dos elementos únicos de uma matriz.

WATERSHED - Aplica o operador morfológico watershed a uma imagem em tons de cinzento.

WHERE - Devolve os subscritos dos elementos não nulos da matriz.

Apresentação da imagem

DISSOLVER - Proporciona um efeito de "dissolução" digital para imagens.

IDLgrImage - Cria um objeto de imagem que representa um mapeamento de uma matriz 2D de valores de dados para uma matriz2D de cores de píxeis.

IDLgrPalette - Representa uma tabela de pesquisa de cores que mapeia índices para valores de vermelho, verde e azul.

IIMAGE - Cria uma iTool e uma interface de utilizador (IU) associada, configurada para apresentar e manipular dados de imagem.

RDPIX - Apresenta de forma interactiva os valores de pixel da imagem.

SLIDE_IMAGE - Cria uma janela gráfica de rolagem para examinar imagens grandes.

TV - Apresenta uma imagem. Para dimensionar e apresentar a imagem, utilize TVSCL.

TVCRS - Manipula o cursor de visualização de imagens.

TVLCT - Carrega as tabelas de cores do ecrã.

TVSCL - Dimensiona e apresenta uma imagem.

XOBJVIEW - Apresenta o widget de visualização de objectos.

XOBJVIEW_ROTATE - Roda programaticamente o objeto atualmente apresentado no

XOBJVIEW para um ficheiro de imagem.

XOBJVIEW_WRITE-IMAGE - Escreve o objeto atualmente apresentado no XOBJVIEW num ficheiro de imagem.

ZOOM - Amplia partes do ecrã.

ZOOM_24 - Amplia partes do ecrã a cores reais (21 bits).

Transformações geométricas de imagens

CONGRID - Efectua a reamostragem de uma imagem para qualquer dimensão.

EXPANDIR - Reduz/expande a imagem utilizando interpolação bilinear.

EXTRAC - Devolve a sub-matriz da matriz de entrada. Os operadores de matriz (por exemplo, * e :) devem normalmente ser usados em vez disso.

INTERPOLATE - Devolve um conjunto de interpolações.

INVERT - Calcula o inverso de uma matriz quadrada.

POLY_2D - Executa a deformação polinomial de imagens.

POLYWARP - Executa a distorção espacial polinomial.

REBIN - Redimensiona um vetor ou matriz por múltiplos inteiros.

REFORM - Altera as dimensões da matriz sem alterar o número total de elementos.

REVERSE - Inverte a ordem de uma dimensão de uma matriz.

ROT - Roda uma imagem em qualquer quantidade.

ROTATE - Roda/transpõe uma matriz em múltiplos de 90 graus.

SHIFT - Desloca elementos de vectores ou matrizes por um número especificado de elementos.

TRANSPOSE - Transpõe uma matriz.

WARP_TRI - Deforma uma imagem utilizando pontos de controlo.

Operadores morfológicos de imagem

DILATE - Implementa o operador de dilatação morfológica em imagens binárias e em tons de cinzento.

ERODE - Implementa o operador de erosão em imagens e vectores binários e em tons de cinzento.

LABEL_REGION - Rotula regiões (bolhas) de uma imagem de dois níveis.

MORPH_CLOSE - Aplica o operador de fecho à imagem binária ou de escala de cinzentos.

MORPH_DISTANCE - Estima mapas de distância N-dimensionais, que contêm, para cada pixel de primeiro plano, a distância ao pixel de fundo mais próximo, utilizando uma determinada norma.

MORPH-GRADIENT - Aplica o operador de gradiente morfológico a uma imagem em tons de cinza.

MORPH_HITORMISS - Aplica o operador hit-or-miss a uma imagem binária.

MORPH_OPEN - Aplica o operador de abertura a uma imagem binária ou em tons de cinzento.

MORPH_THIN - Efectua uma operação de desbaste em imagens binárias.

MORPH_TOPHAT - Aplica o operador top-hat a uma imagem em escala de cinzentos.

WATERSHED - Aplica o operador morfológico watershed a uma imagem em tons de cinzento.

Regiões de interesse

CW_DEFROI - Cria um widget composto utilizado para definir a região de interesse.

DEFROI - Define uma região de interesse irregular de uma imagem.

DRAW_ROI - Desenha uma região ou um grupo de regiões no dispositivo de gráficos diretos atual.

IDLanROI - Representa uma região de interesse utilizada para análise.

IDLgrROIGroup - Representação analítica de um grupo de regiões de interesse.

IDLgrROI - Representação gráfica de objectos de uma região de interesse.

IDLgrROIGroup - Objeto Representação gráfica de um grupo de regiões de interesse,

LABEL-REGION - Rotula regiões (bolhas) de uma imagem de dois níveis.

REGION_GROW - Cria uma região inicial para incluir todas as áreas que correspondem às restrições especificadas.

XROI - Utilitário para definir regiões de interesse e obter dados geométricos e estatísticos sobre estas ROIs.

Introdução

O JPEG2000 é a mais recente tecnologia de compressão de imagem com e sem perdas desenvolvida pela ISO. Comparado com as normas anteriores, e com outros esquemas de compressão, o JPEG2000 oferece uma série de caraterísticas notáveis, que o tornam ideal para uma variedade de aplicações, tais como fotografia digital, entretenimento doméstico, Internet, deteção remota e engenharia de comunicações móveis multimédia.

Um ponto-chave na avaliação destas aplicações é a qualidade visual percebida pelos utilizadores finais. Como os protocolos de comunicação convencionais não garantem normalmente transmissões sem erros, os erros de bits e as perdas de dados nos fluxos comprimidos recebidos podem afetar fortemente a qualidade do sinal. Para ultrapassar estes problemas, foram propostas várias soluções. Podem ser utilizados esquemas de correção de erros (FEC) para proteger as partes mais significativas do fluxo de bits. A codificação resiliente permite a descodificação do fluxo na presença de erros. A codificação em camadas assegura um nível mínimo de qualidade garantido, mesmo em situações críticas, níveis de proteção da transmissão. É proposta uma estratégia para alocar elementos fonte em clusters de pacotes JPEG2000 e encontrar as suas taxas de código óptimas ; esta estratégia tem em consideração as propriedades das fontes escaláveis com dependência estruturada em árvore. Os elementos de fonte são afectados a grupos de pacotes de acordo com a sua estrutura de dependência, sujeitos a restrições no tamanho do pacote e no comprimento da palavra-código do canal.

Ao contrário da codificação com resistência a erros, a abordagem de ocultação de erros não requer qualquer serviço de rede adicional para impor a correção da transmissão, mas introduz módulos de pós-processamento no lado do descodificador para mascarar os efeitos visuais dos erros de transmissão. A maioria dos trabalhos propostos no passado foi desenvolvida para imagens e sequências de vídeo codificadas por blocos. De facto, as antigas normas IPEG e MPEG-1,-2 e -4 baseiam-se na partição da imagem em blocos, que são codificados através da transformada DCT.

Os erros no fluxo resultam na perda de toda a informação relacionada com o bloco danificado e os seguintes até ao próximo marcador de ressincronização. Por conseguinte, o algoritmo de ocultação foi desenvolvido assumindo que a informação espacial relacionada com os blocos afectados é completamente perdida e que a área circundante está totalmente disponível.

Devido à utilização de um esquema de codificação diferente, os erros no fluxo .IPEG2000 produzem efeitos visuais bastante diferentes na imagem descodificada em comparação com o JPEG. Como consequência, os algoritmos de ocultação que são aplicáveis a imagens codificadas por blocos não são aplicáveis quando se utiliza a nova norma. Neste caso, é proposta uma abordagem alternativa neste documento, focando os efeitos reais dos erros de alta frequência e explorando a teoria das projecções sobre conjuntos convexos (POCS) num sentido fraco.

1. O primeiro passo desta abordagem consiste na deteção do erro através de várias caraterísticas do JPEG2000, que permitem estabelecer o plano de bits, o número do bloco de código, a sub-banda e o nível de decomposição onde o erro está localizado. Uma vez identificada a sub-banda danificada, o método de ocultação do erro prossegue com a aplicação iterativa de filtragem passa-baixo no domínio espacial e restauração dos coeficientes wavelet não corrompidos no domínio da transformada. A primeira permite a remoção dos efeitos causados por erros em altas frequências no domínio espacial.

2. A segunda reduz os efeitos secundários da filtragem passa-baixo, restaurando os coeficientes wavelet não afectados.

Capítulo 2

REVISÃO DA LITERATURA

A. Obras relacionadas:

Na literatura, poucas soluções foram propostas para mascarar erros em imagens codificadas em JPEG2000. Em "Wavelet-domain reconstruction of lost blocks in wireless image transmission and packet-switched networks", os blocos de coeficientes perdidos são ocultados por uma interpolação ao longo da direção dos bordos, conduzida por uma minimização do erro quadrático nas fronteiras dos blocos. Uma abordagem alternativa é proposta em "High frequency error concealment in wavelet-based image coding", em que é gerado um conjunto de manchas wavelet a partir de dados não corrompidos dentro da sub-banda danificada; a mancha que minimiza uma medida de correspondência é utilizada para ocultar o erro, substituindo o bloco corrompido. A geração deste conjunto baseia-se nas caraterísticas da área danificada, que são previstas através da análise das propriedades das outras sub-bandas. Ambas as estratégias não podem ser aplicadas com as configurações comuns dos parâmetros de codificação do JPEG2000: cinco níveis de decomposição, um único tile (mais tiles aumentam o overhead e podem gerar efeitos de tiling), e blocos de código com tamanhos iguais a 32 X 32 ou 64 X 64. Em particular, estes dois algoritmos são aplicáveis apenas no caso de blocos de código ou mosaicos muito pequenos.

Hemami e Gray propõem uma reconstrução de imagem codificada por sub-banda para erros de baixa frequência (sub-banda LL) e de alta frequência (outras sub-bandas). Os coeficientes LL são reconstruídos através de um ajuste cúbico de superfície a coeficientes conhecidos, que é orientado pela informação de borda na área danificada. Podem ser ocultadas perdas isoladas ou blocos muito pequenos de coeficientes em falta. Para a ocultação de alta frequência, que é o enquadramento do nosso trabalho,

Hemami e Gray propõem uma interpolação linear na direção de baixa frequência nas sub-bandas HL ou LH para reconstruir apenas coeficientes em falta isolados. A estrutura considerada é bastante diferente da que será abordada em no caso de erros IPEG 2000. De facto, mesmo um erro de um único bit no fluxo comprimido afecta fortemente a descodificação dos coeficientes wavelet subsequentes pertencentes ao bloco danificado. A dimensão da área danificada depende do tamanho do bloco utilizado, mas é sempre bastante maior do que um bloco de poucos coeficientes. A extensão dos danos depende do plano de bits afetado. Hemami propõe a utilização de códigos de comprimento variável dessincronizados (RVLC) para limitar as propagações de erros de codificação de entropia. Esta abordagem resistente ao erro é aplicada em conjunto com um método de ocultação, que se baseia principalmente no algoritmo "subband coded image reconstruction for lossy packet networks". No entanto, a utilização do RVLC não está prevista na norma: a sua adoção foi proposta no passado no âmbito das actividades do comité de normalização, mas esta caraterística nunca foi incluída. A camada mais significativa está escondida na camada mais baixa do fluxo de bits do JPEG2000 e os dados escondidos são utilizados para a ocultação de erros

Princípio de restauração de imagens

Se tudo fosse perfeito (ótica perfeita - visão perfeita - seguimento perfeito do telescópio), a imagem de uma estrela seria um único pixel no CCD, como este:

De facto, devido a todas as imperfeições, a imagem da estrela observada está espalhada por vários pixels. Isto é conhecido como a Função de Espalhamento de Pontos (PSF). A imagem de uma estrela, juntamente com a função de luminosidade da estrela ao longo do eixo horizontal, tem tipicamente o seguinte aspeto:

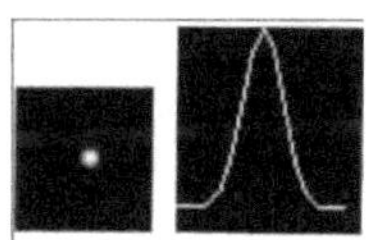

Sendo conhecida a transformada entre a imagem esperada (o pixel único) e a imagem observada (a PSF), poder-se-ia esperar que a aplicação da transformada inversa resultasse numa imagem perfeitamente restaurada. Isto não é verdade devido ao ruído na imagem, que será fortemente enfatizado pela transformada inversa. *Fazendo uma analogia no campo do áudio, suponhamos que se faz uma gravação em cassete com o controlo de agudos no mínimo. Ao voltar a reproduzir a cassete, se tentar "restaurá-la" colocando o controlo de agudos no máximo, obterá um chiado na cassete.*

É por esta razão que foram desenvolvidos algoritmos de restauro *iterativos*. Em cada passagem, estes tendem a melhorar a PSF em direção a um único pixel. Quando se atinge o melhor compromisso entre a melhoria dos detalhes da imagem e o ruído, as iterações devem ser interrompidas.

Dois algoritmos de restauro de imagem são amplamente utilizados em astronomia: Lucy-Richardson e Entropia Máxima.

Lucy-Richardson é um algoritmo linear, no sentido em que restaura igualmente as partes de alta e baixa luminosidade da imagem.

A Entropia Máxima restaura primeiro as porções de alta luminosidade da imagem e depois, em passagens sucessivas, as porções de baixa luminosidade. Em imagens de céu profundo, isto significa que as estrelas brilhantes são restauradas primeiro e depois os detalhes centrais do objeto.

As experiências seguintes utilizam imagens não astronómicas. É utilizada uma imagem de referência com uma estrela "perfeita" de um pixel adicionada. Esta imagem é "deteriorada" de várias formas, o que transforma a estrela perfeita numa PSF. Depois, utilizando a PSF, tenta-se restaurar a imagem.

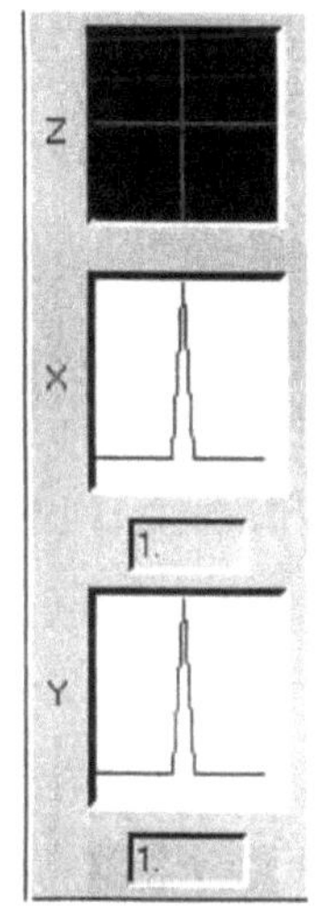

Imagem 1

Esta é a nossa imagem de referência de teste. Tem alguma textura (a parede), alguns padrões (as rosas, ainda sem flores...), algumas linhas verticais e horizontais. Foi adicionada uma estrela única artificial "perfeita" como um único pixel num fundo escuro. Os perfis X e Y da "estrela" são mostrados à direita.

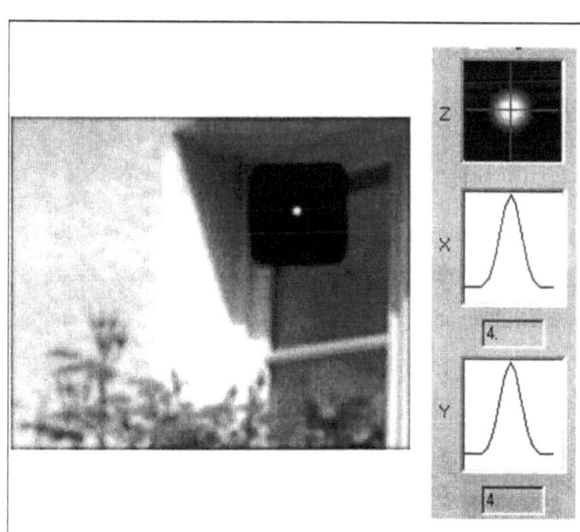

Imagem 2 A nossa primeira experiência é desfocar a imagem 1 através de um filtro de convolução gaussiano. Agora o perfil da estrela parece-se muito com uma imagem astronómica real, com uma FWHM (full width at half maximum) de 4 pixels.

Imagem 3

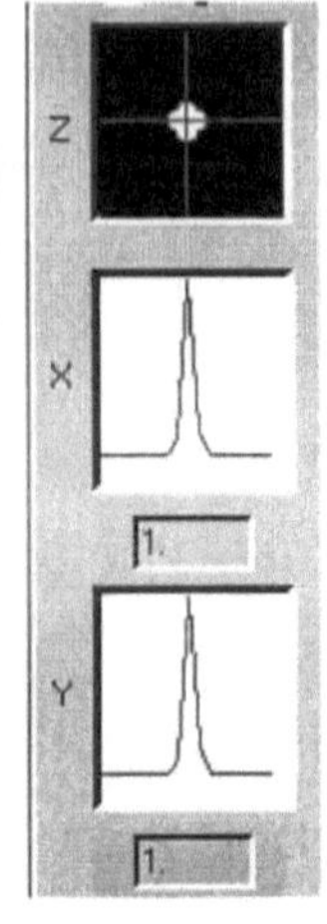

Esta é a imagem 2 restaurada com o algoritmo de Lucy-Richardson. As linhas verticais e horizontais são muito mais nítidas, no entanto, a textura da parede é incorretamente restaurada. Isto é conhecido como um artefacto. O perfil da estrela está de volta a um FWHM de 1.

Imagem 4

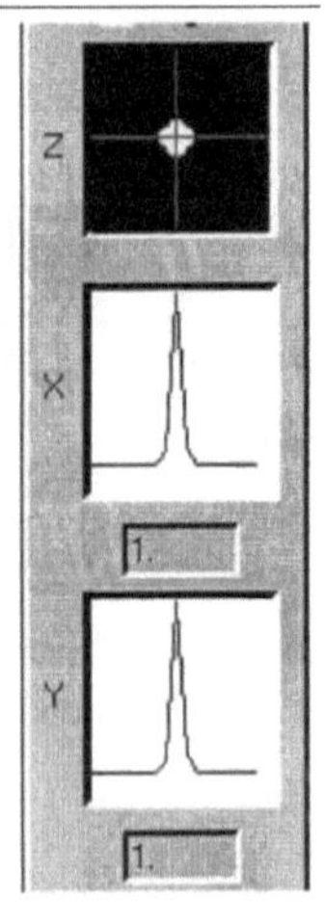

Esta é a imagem 2 restaurada utilizando o algoritmo de entropia máxima. Esta imagem está muito próxima da imagem de referência 1.

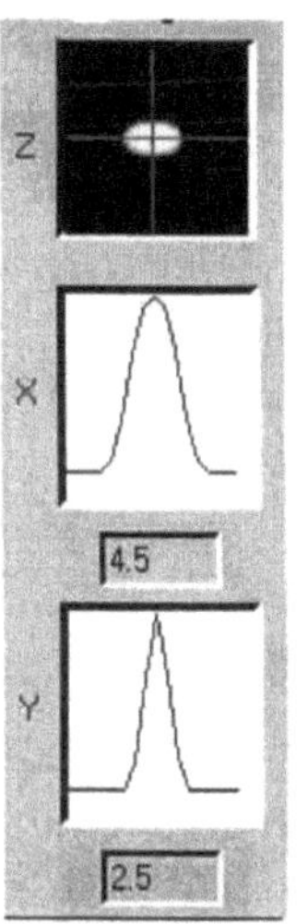

Imagem 5

A nossa próxima experiência consiste em simular o erro de seguimento do telescópio. Agora, a nossa imagem de referência 1 está desfocada, mas mais na direção horizontal.

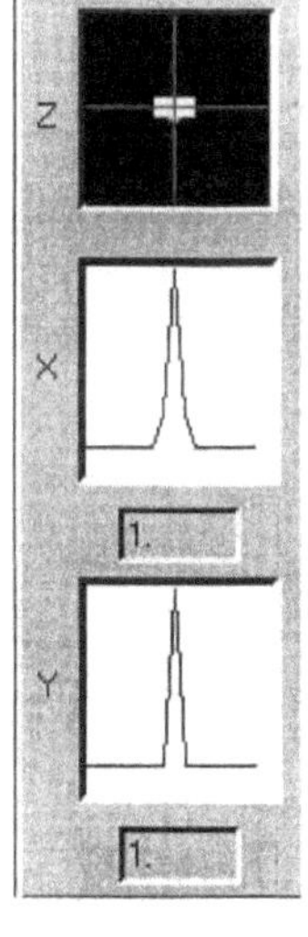

Imagem 6

Esta é a imagem 5 restaurada com o algoritmo de Lucy-Richardson. Curiosamente, este resultado é melhor do que o da imagem 3, com muito poucos artefactos. A desfocagem de movimento horizontal é quase totalmente corrigida, como mostra o perfil da estrela.

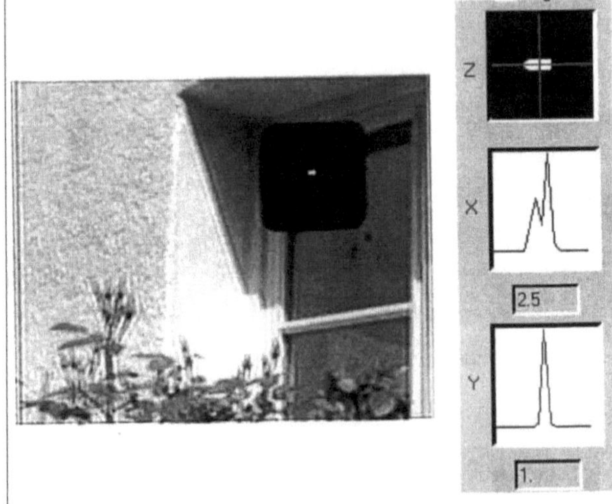

Imagem 7
Esta é a imagem 5 restaurada utilizando a Entropia Máxima. Obviamente, este algoritmo é fraco na compensação da desfocagem de movimento.

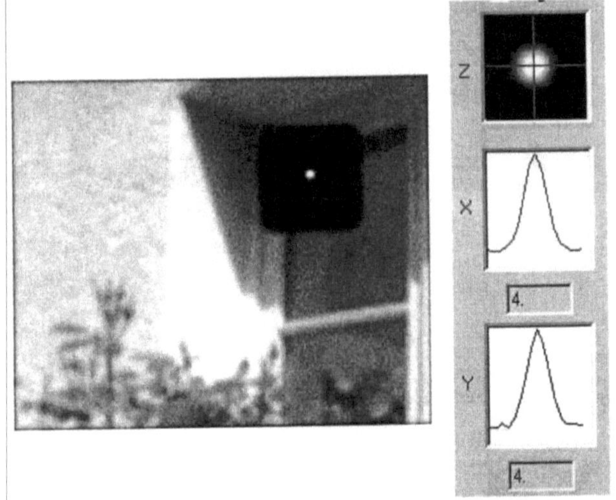

Imagem 8 A última experiência consiste em restaurar imagens com ruído. As imagens CCD de astronomia apresentam ruído aleatório. Uma parte significativa deste ruído pode ser removida através da subtração de fotogramas escuros e do cálculo da média de vários disparos, mas permanece sempre algum ruído, especialmente em objectos fracos. Esta imagem é a mesma imagem desfocada

imagem como a Imagem 2, mas com algum ruído forte adicionado.

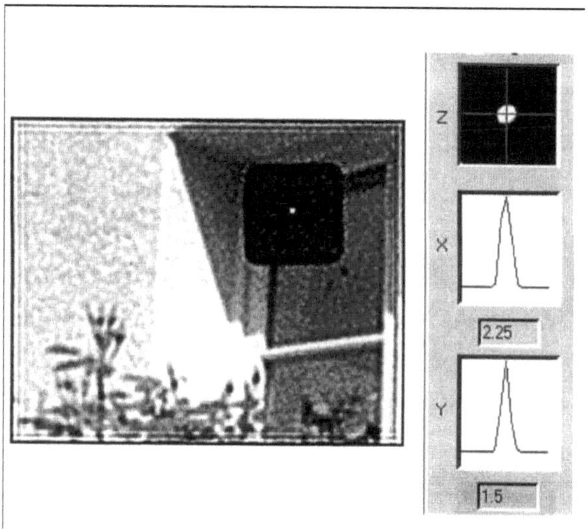

Imagem 9

Esta é a imagem 8 restaurada pelo algoritmo de Lucy-Richardson. O ruído também é restaurado, o que produz fortes artefactos na textura da parede.

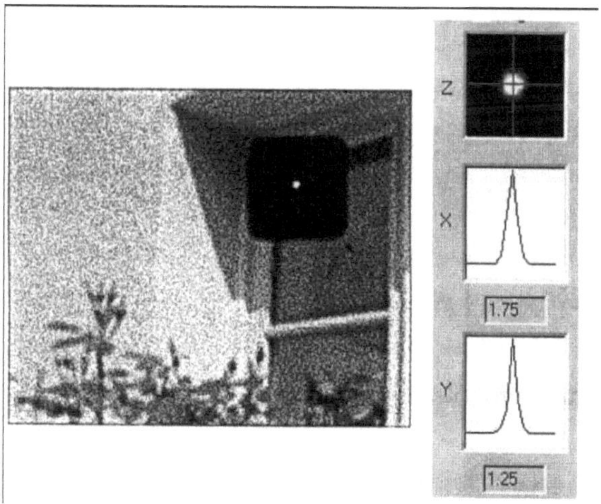

Imagem 10

Esta é a imagem 8 restaurada pela máxima entropia. Aqui também o ruído influencia fortemente o processo de restauro.

B. Efeitos dos erros de bits no fluxo JPEG2000

Os erros no corpo do pacote resultam numa perda de sincronização entre o codificador e o descodificador, o que impede o descodificador de reconstruir corretamente a informação do plano de bits transmitida no pacote danificado. O erro não se propaga de um bloco para os outros enviados no mesmo pacote. Este facto decorre da utilização da informação contida no cabeçalho do pacote. Vale a pena notar que o dano não afecta apenas os coeficientes wavelet que tinham informação de plano de bits codificada no pacote afetado. De facto, devido à codificação entropia, os planos de bits subsequentes para todos os coeficientes nesse bloco também não são corretamente descodificados. O descodificador é capaz de detetar os erros utilizando o mecanismo de "byte-stuffing" e a cadeia de símbolos SEGMARK. A sincronização ao nível do pacote é assegurada pela utilização do marcador SOP no início de cada pacote. Uma vez detectado um erro, o descodificador pode tentar continuar a descodificação do fluxo de blocos de código afetado ou colocar o plano de bits relevante a zero.

Os erros no cabeçalho do pacote são muito mais perigosos. Para evitar tal situação, a norma fornece o segmento de marcação PPM, que pode ser utilizado para deslocar os cabeçalhos dos pacotes dos respectivos fluxos de pacotes para o cabeçalho principal. Esta opção deve ser sempre utilizada em caso de transmissão através de canais propensos a erros e é considerada no nosso estudo. Foram propostas soluções alternativas para proteger o cabeçalho contra erros. Em "Unequal error protection of JPEG2000 code stream in wireless channels", Natu e Taubman consideram os benefícios de proteger os cabeçalhos dos pacotes com códigos mais fortes do que os corpos correspondentes. Com o mesmo objetivo de estender a resistência a erros aos cabeçalhos e evitar falhas de descodificação devido à presença de erros, Nicholson propõe um segmento de marcação de bloco de proteção contra erros (EPB) contendo informação sobre os parâmetros de proteção contra erros e dados usados para proteger os cabeçalhos. Em ambos os casos, para obter uma reclamação de código 30 com o JPEG2000, é necessário colocar a informação redundante de tal forma que qualquer descodificador JPEG2000 standard não a tente interpretar.

As simulações foram efectuadas com canais ruidosos com diferentes taxas de erro de bits (BER). Os resultados dos testes provam que as ferramentas de resiliência a erros podem proporcionar melhorias significativas de desempenho com apenas uma pequena redução no desempenho da compressão de dados. No entanto, nestes trabalhos, não foram analisadas as correlações entre o tipo de informação danificada e os efeitos na qualidade da imagem. De facto, isto é muito importante para o desenvolvimento de um algoritmo de ocultação de erros; por isso, realizámos experiências adicionais. Estas foram efectuadas em imagens padrão, codificadas através da definição de cinco níveis de decomposição wavelet, utilizando blocos de código de tamanho 32 X 32 e inserindo os marcadores SOP e SEGMARK no fluxo de código. Para simular um canal ruidoso, foram introduzidos erros de bits aleatórios com um BER da ordem de 10-3 * 10-a utilizando o simulador fornecido em "Fundamentals of Digital Image Processing".

Como esperado, devido à importância bastante diferente dos segmentos de fluxo, observou-se que um único erro de bit pode introduzir artefactos quase invisíveis ou danos graves na imagem. De facto, a extensão dos danos está intimamente relacionada com o nível de decomposição e o plano de bits afectados. Com as definições comuns do JPEG2000, por exemplo, um único erro no primeiro nível de decomposição pode resultar na corrupção de sub-bandas inteiras. Esta deterioração afecta gravemente o processo de reconstrução durante a operação da transformada wavelet inversa. A Tabela I apresenta os resultados em termos de PSNR, em decibéis, calculados em média para várias imagens de teste codificadas com taxas de bits de 1 a 0,1 bpp e transmitidas na gama BER mencionada. O PSNR foi calculado comparando as imagens corrompidas com as imagens co-decodificadas em JPEG2000. Os resultados referem-se a erros introduzidos nas sub-bandas LH, HL e HH, cada uma consistindo numa coleção de coeficientes flutuantes, em diferentes níveis de decomposição wavelet. As degradações foram analisadas variando o plano de bits afetado e o nível de decomposição'. Note-se que quanto mais elevada for a camada do plano de bits, mais significativos são os bits. Uma vez que a informação nos pacotes pertencentes ao plano de bits i+l é necessária para descodificar o plano de bits I, e assim sucessivamente, a sensibilidade dos dados à corrupção aumenta claramente à medida que passamos dos planos de bits inferiores para os superiores.

Este facto sugere que os erros nos planos de bits superiores têm um impacto mais significativo na qualidade da imagem do que os erros nos planos inferiores. Além disso, os efeitos dos erros são mais graves se a sub-banda corrompida estiver em níveis inferiores de decomposição wavelet, ou seja, se esta sub-banda estiver mais próxima da sub-banda LL.

Ao observar os efeitos visuais dos erros de transmissão, verifica-se que as imagens corrompidas com PSNR superior a 30 + 32 dB apresentam apenas ligeiros artefactos na maioria dos casos. Com base neste facto, decidimos não considerar o mascaramento destes erros. Em seguida, concentrámo-nos nos erros de planos de bits elevados localizados no primeiro e no segundo níveis de decomposição. As Fig. 1(b) e (e) mostram os efeitos espaciais comuns dos erros no primeiro nível de decomposição, na sub-banda LH e no 26.º bi-plano': um artefacto "ondulatório" irritante é apresentado numa área significativa das imagens corrompidas.

A diferença de magnitude entre os coeficientes wavelet corretos e corrompidos da sub-banda afetada na precisão de flutuação para o erro na Fig. 1(b) mostra que o número de coeficientes corrompidos é relativamente pequeno em relação ao tamanho da sub-banda e a sua distribuição parece aleatória em termos de posição, magnitude e sinal.

C. Projecções em Conjuntos Convexos (POCS)

A teoria das projecções sobre conjuntos convexos tem sido amplamente utilizada no domínio da ocultação de erros e do restauro de imagens. Desde a sua introdução por Youla, o método foi alargado a uma série de aplicações em que a informação a priori pode ser utilizada para limitar a dimensão das soluções viáveis.

Resumimos brevemente a teoria no que se segue. Dados m conjuntos convexos fechados C_0:A^m C_i num espaço de Hilbert, e não vazios, chamamos P_i ao operador de projeção, tal que

$$^{i:t} \| {}^{f\text{-}P_i\, f} \| = {}^{gsCi\,(min)} \| f - g \|$$

em que $P_i f$ é a projeção de f sobre C_i.

A projeção do sinal distorcido em C_i resulta num novo sinal para o qual a distância ao original é reduzida ou, pelo menos, não aumenta. O resultado da operação anterior é projetado no conjunto seguinte Ci1l e assim sucessivamente até ser considerado o último conjunto. Embora a distância ao sinal original diminua gradualmente, mesmo a última projeção não garante que o resultado esteja em c6. No entanto, a iteração

$$f_{k+1}: P_m P_{m-1} \ldots P1\ f_{k9}\ K=0,1,2, \ldots$$

converge para um ponto de C_0 para um ponto inicial arbitrário f_0.

Em geral, a conceção de um algoritmo de recuperação de imagem baseado em POCS consiste em duas etapas: 1) a definição dos conjuntos de restrições convexas a utilizar; 2) a derivação das projecções sobre os conjuntos previamente definidos.

Foram considerados muitos conjuntos de restrições para resolver cada caso. Estes baseiam-se nas propriedades da imagem, como a suavidade, quando se exige que uma imagem/região tenha valores que variam lentamente; a continuidade dos bordos, quando se exige que os objectos tenham bordos contínuos; a consistência com o valor conhecido, quando cada amostra recebida corretamente não deve ser alterada e pode controlar o processo de restauro na sua envolvente.

Através da iteração de tais operadores de projeção, é possível procurar um ponto fixo que seja uma aproximação aceitável do sinal original. O processo pode ser representado assumindo dois conjuntos com restrições e, consequentemente, dois conjuntos de operações de projeção têm de ser definidos.

Capítulo 3

UMA PANORÂMICA DAS TÉCNICAS DE DESFOCAGEM

Introdução ao desfoque

A desfocagem é o processo de calcular a média de um ponto com os seus vizinhos. Uma desfocagem simples pode considerar a mediana de um pixel com os pixéis à sua direita e à sua esquerda. Uma desfocagem mais sofisticada pode utilizar a média de uma soma ponderada dos pixéis à volta de x. De facto, uma técnica de desfocagem padrão envolve nada mais do que o envolvimento de uma função *f* com

$$G_0(x) = \frac{1}{\sqrt{2\pi\sigma}} e - \frac{x^2}{2\sigma^2}$$

outra função conhecida como Gaussiana.

(3. 1)

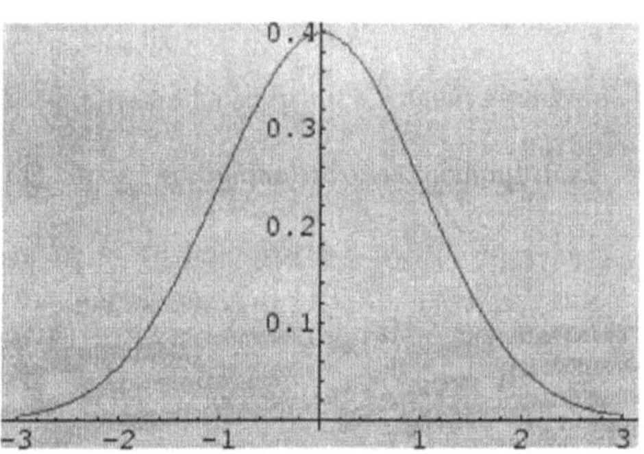

Figura: Uma Gaussiana com um desvio padrão de 1

Aqui σ representa o desvio padrão. Sem entrar no significado dos desvios padrão, aumentar σ torna a forma da Gaussiana (ver Figura) mais curta e mais larga sem alterar a área sob a curva (a área sob G(x) é sempre 1). Quando convolvida com outra função, valores maiores de σ proporcionam uma desfocagem mais forte.

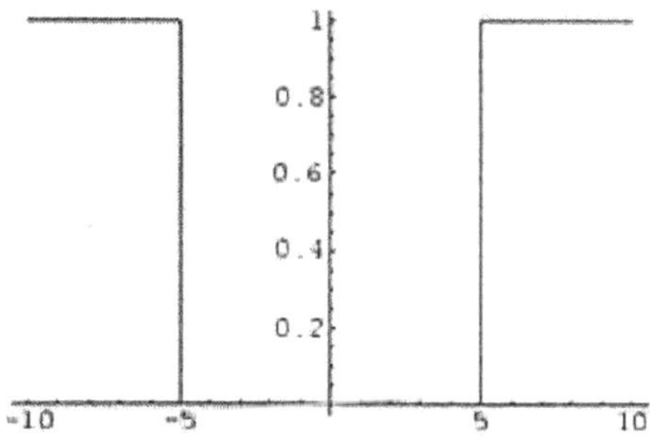

Figura: Função de passo

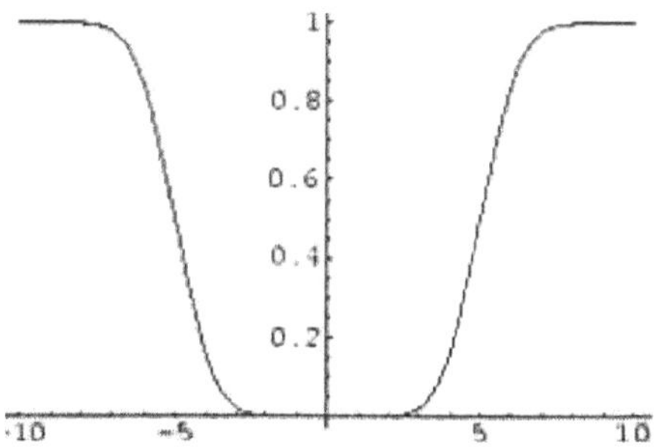

Figura: Função de passo após convolução com a Gaussiana

A figura mostra uma função degrau. A Figura mostra a função degrau após a convolução com a Gaussiana da Figura. Repare-se como os "degraus" foram suavizados. Esta é a essência da desfocagem, pegar numa função f e tornar a transição de *f(x)* para *f* (x+A) um pouco mais suave.

Há uma propriedade que qualquer filtro de desfocagem deve ter. Lembre-se de que cada valor de cinzento tem um valor máximo de 1,0. Utilizando médias ponderadas, não é difícil imaginar o valor de um determinado pixel a subir acima de 1 ou, mais imediatamente, a curva da imagem a subir cada vez mais. Se olharmos para uma imagem desfocada em que os pesos não foram normalizados de alguma forma, observamos que, para além de suavizar, a convolução também torna a imagem muito mais brilhante. Por isso, exigimos a condição de que *f g* = 1. Isso garantirá que 0 д*')* -

ff e, como resultado, após a desfocagem, a intensidade média permanecerá constante.

Introdução à restauração de imagens - Desfocagem

O objetivo do restauro de imagens é "compensar" ou "desfazer" defeitos que degradam uma imagem. A degradação apresenta-se sob muitas formas, como a desfocagem de movimento, o ruído e a desfocagem da câmara. Em casos como a desfocagem por movimento, é possível obter uma estimativa muito boa da função de desfocagem real e "desfazer" a desfocagem para restaurar a imagem original. Nos casos em que a imagem é corrompida por ruído, o melhor que podemos fazer é compensar a degradação causada pelo ruído.

- Desfocagem / Deconvolução

x(m,n h(m,n)	y(m,n)	g(m,n) x (m,n)
filtro de desfocagem	desfocagem/	filtro de deconvolução

(i) Desfocagem/desconvolução não cega

Dado: observaçãoy(m,n) e função de desfocagem h(m,n)

Conceção: g(m,n), de modo a que a distorção entre n x(m,n) e i (m,n) seja minimizada.

(ii) Desfocagem/desconvolução cega

A deconvolução cega refere-se à tarefa de processamento de imagem que consiste em restaurar a imagem original a partir de uma versão desfocada sem conhecer a função de desfocagem.

Dado: observação y(m,n)

Conceção: g(m,n), de modo a que a distorção entre x(m,n) e x(m,n) seja minimizada.

Técnicas de desfocagem

- Filtragem inversa

x(m,n) → $\boxed{h(m,n)}$ → $\boxed{y(m,n)}$ → $\boxed{g(m,n)}$

x (m,n)

blurring filter inverse filter

X(u,v) H(u,v) : Y(u,v) $\boxed{G(m,n) = 1/H(u,v)}$

Exact recovery!

X(u,v) = Y(u,v) / H(u,v) = 1 * Y(u,v) / H(u,v)

- Pseudo-Inverse Filtering

x(m,n) → $\boxed{h(m,n)}$ → y(m,n) → $\boxed{g(m,n)}$ →

x(m,n)

blurring filter deblur filter

Pseudo-inverse filter:

$$G(u,v) = \frac{1}{\mathrm{H(u,v)}} \quad |\mathrm{H(u,v)}| > \delta \ |\mathrm{H(u,v)}| \leq \delta$$
$$0$$

δ - small threshold

- **Wiener (Least Square) Filtering**

Wiener filter:

$$G(u,v) = \frac{\mathrm{H} * \mathrm{(u,v)}}{|\mathrm{H(u,v)}|^2 + \mathrm{K}}$$

$$K = \frac{\sigma_w^2}{\sigma_x^2}$$

(i) Ótimo no sentido de menor MSE, ou seja, G(u, v) é o melhor filtro linear possível que minimiza

energia de erro = E{|X(u,v) - X(u,v)|²}

(ii) Ter de estimar a potência do sinal e do ruído

G(u,v): 1 / H(u,v)

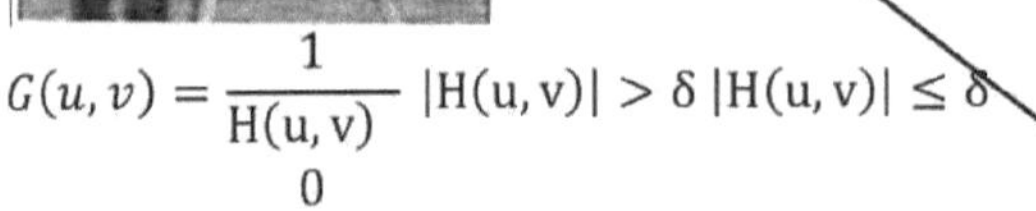

$$G(u,v) = \begin{cases} \frac{1}{\mathrm{H}(u,v)} & |\mathrm{H}(u,v)| > \delta \\ 0 & |\mathrm{H}(u,v)| \leq \delta \end{cases}$$

8 = 0.1

Figura: Resultados da filtragem inversa e pseudo-inversa

Filtragem inversa radialmente limitada

Filtro inverso limitado

$$G(u,v) = \frac{1}{\mathrm{H(u,v)}} \quad |\mathrm{H(u,v)}| > 8 \quad |\mathrm{H(u,v)}| < 5$$

$$0$$

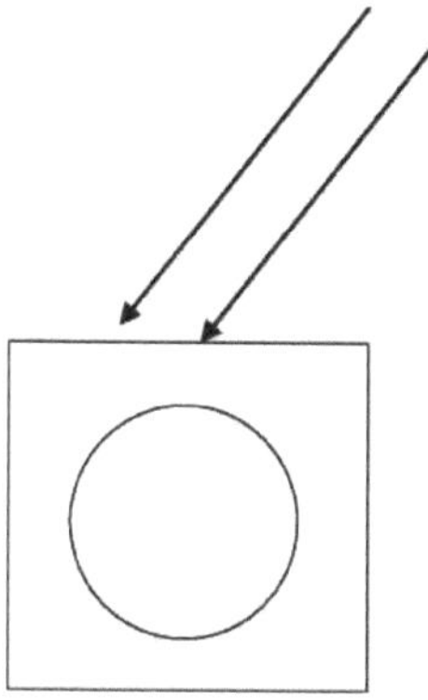

Motivação

> A energia dos sinais de imagem está concentrada em baixas frequências

> A energia do ruído é distribuída uniformemente por todas as frequências

> Filtragem inversa apenas das regiões dominadas pelo sinal de imagem.

DEMOSAICING DE IMAGENS DESFOCADAS

Introdução

A maioria das câmaras digitais a cores utiliza um único dispositivo de carga acoplada (CCD), ou um único sensor CMOS, com uma matriz de filtros de cor (CFA) para obter imagens a cores. Infelizmente, o filtro de cor gera respostas espectrais diferentes em cada célula CCD. O CFA mais utilizado é o de Bayer. Este impõe um padrão espacial de duas células G, uma R e uma B, como se mostra na figura. Os pixéis da câmara Bayer transmitem informação de cor incompleta que precisa de ser ampliada para produzir uma imagem a cores visível. Este processamento de cor é conhecido como demosaicing. A utilização de um CFA e o correspondente processo de demosaicing produzem artefactos indesejáveis, que são difíceis de evitar. Entre esses artefactos contam-se o efeito de fecho de correr, também conhecido como franja de cor, e o aparecimento de padrões *de moir'e.* Diferentes técnicas de interpolação têm sido aplicadas ao demosaicing. Cok aplicou primeiro a interpolação bilinear ao canal G, uma vez que este é o mais preenchido e é suposto transmitir informações sobre a luminância, e depois aplicou a interpolação bilinear aos rácios de crominância VG e B/G. Freeman aplicou um filtro mediano às diferenças entre os valores interpolados bilinearmente dos diferentes canais e, com base nestes e no canal observado em cada pixel, as intensidades dos outros dois canais são estimadas. Uma melhoria desta técnica consistiu em efetuar uma interpolação adaptativa considerando os gradientes de crominância, de modo a ter em conta as arestas entre os objectos. Esta técnica foi ainda melhorada, tendo sido também aplicada a difusão inversa orientável a cores. As correlações entre canais foram consideradas num esquema de projecções alternadas. Finalmente, foi aplicada uma nova representação ortogonal de wavelets de imagens multivaloradas. Não há muitos trabalhos sobre o problema da desconvolução de imagens a cores observadas por um único CCD. Nas últimas duas décadas, a investigação tem sido dedicada ao problema da reconstrução de uma imagem de alta resolução a partir de múltiplos fotogramas subamostrados, deslocados e degradados com erros de deslocação subpixel. A super resolução só recentemente foi aplicada a problemas de demosaicing. Infelizmente, também neste caso, poucos resultados foram registados sobre a deconvolução de tais imagens. Neste projeto, o problema de demosaicing foi formulado como um problema de alta resolução a partir de observações incompletas e, por isso, propomos uma nova forma de olhar para o problema da deconvolução.

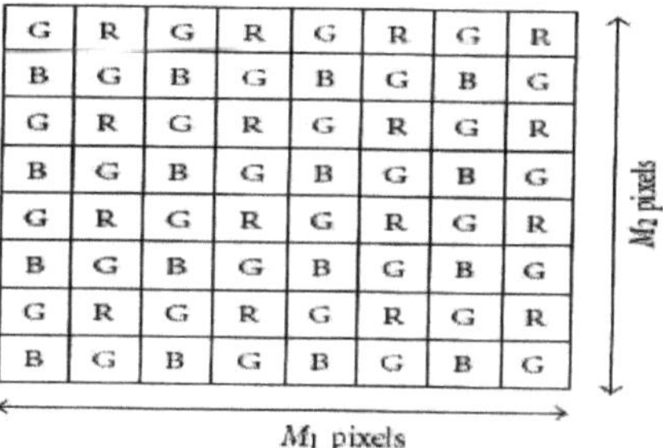

Figure: Pattern of channel observations for a Bayer camera with CFA

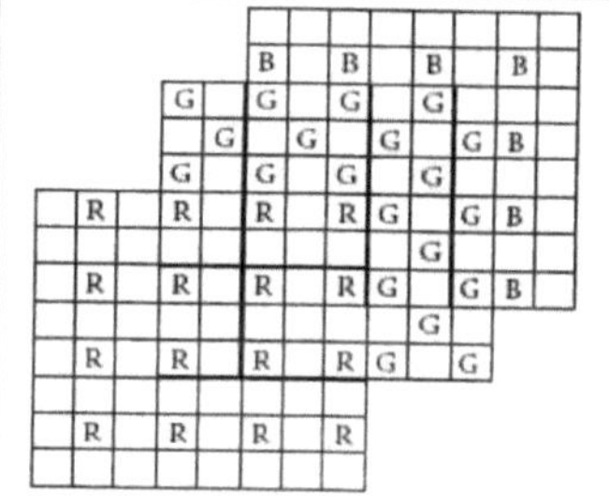

Figure : Observed low-resolution channels

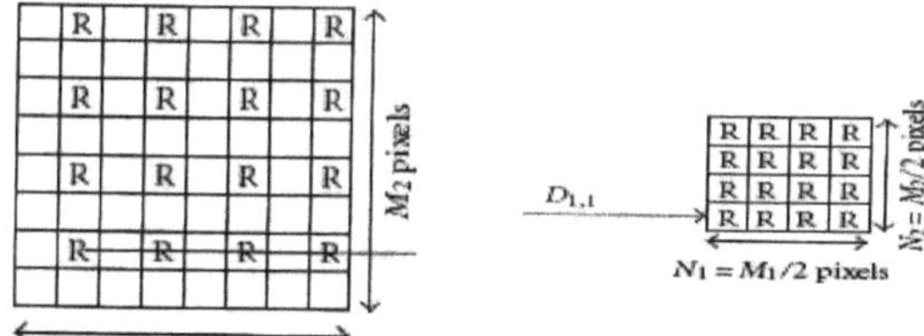

Formulação do problema

Considere-se uma câmara Bayer com uma matriz de filtros de cor (CFA) sobre um CCD com M1xM2 pixels, como se mostra na figura. Supondo que a câmara tem três CCDs Ml xM2, um para cada um dos canais R, G e B, a imagem observada é dada por

$$g= (g^{Rt}, g^{Gt} -g^{Bt})^{t}$$

onde *t* denota a transposição de um vetor ou de uma matriz e cada um dos vectores coluna M1 x M2 g^{c}, c € {R,G, B}, resulta da ordenação lexicográfica do sinal bidimensional nos canais R, G e B, respetivamente. Devido à presença do CFA, não observamos g mas um subconjunto incompleto do mesmo, ver Figura. Os valores observados na câmara Bayer são caracterizados por: N1 : M2/2 e N2=M2/2; as matrizes de redução da amostra ID o; e Dl são definidas por

$$D_l^x = I_{N_l} \otimes e_1^t \quad D_l^y = I_{N_2} \otimes e_1^t$$

onde INi é a matriz identidade Ni x Ni, et é um vetor unitário 2 x 1 cujo elemento não nulo se encontra na posição *1*, *l* ∈ {0, 1}, e 0 denota o operador do produto de Kronecker. A matriz de reamostragem **2D** (N_1 x N_2) x (M_1, M_2) é agora dada por

$$\boldsymbol{D}_{l1,l2} = \boldsymbol{D}_{lt}^x \otimes \boldsymbol{D}_{l2}^x$$

Utilizando as matrizes de redução da amostra acima referidas, a subimagem de **g** que foi observada, g^{obs}, pode ser vista como o conjunto incompleto de N_1 x N_2 imagens de baixa resolução

$$g^{obs} = (g_{1,1}^{Rt},\ g_{1,0}^{Gt}, g_{0,0}^{Rt})^t$$

$$g_{1,1}^R = D_{1,1}g^R \qquad g_{1,0}^G = D_{1,0}\, g^G$$

$$g_{0,1}^G = D_{O,1}\, g^G \qquad g_{0,0}^B = D_{0,0}\, g^B$$

A título de exemplo, a figura ilustra como se obtém g,1. Note-se que a origem das coordenadas está localizada na parte inferior esquerda da matriz. Temos uma imagem observada de baixa resolução tr/1 x N2 nos canais R, duas nos canais G e uma nos canais B. Para desconcentrar a imagem observada, o processo de formação da imagem tem de ter em conta a presença de desfocagem. Assumimos que g em (1) pode

$$G = \begin{pmatrix} g^R \\ g^G \\ g^B \end{pmatrix} = \begin{pmatrix} Bf^R \\ Bf^G \\ Bf^B \end{pmatrix} + \begin{pmatrix} n^R \\ n^G \\ n^B \end{pmatrix} = \begin{pmatrix} B & 0 & 0 \\ 0 & B & 0 \\ 0 & 0 & B \end{pmatrix}$$

ser escrito como

em que **B** é uma matriz (Ml x M2) x (M1 x M2) que define a desfocagem sistemática da câmara, que se assume ser conhecida e aproximada por uma matriz circulante de bloco, **f denota** a imagem a cores de alta resolução subjacente real que estamos a tentar estimar e **n** denota o ruído branco independente não correlacionado entre e dentro dos canais com variância l/0^c no canal c Є {R,G,B}. Substituindo esta

$$g_{1,1}^R = D_{1,1}Bf^R + D_{1,1}n^R, \qquad g_{1,0}^G = D_{1,0}\,Bf^G + D_{1,0}n^G$$

$$g_{1,1}^G = D_{1,1}Bf^G + D_{1,1}n^G, \qquad g_{1,0}^B = D_{1,0}\,Bf^B + D_{1,0}n^B$$

equação, temos que a solução discreta inferior das imagens observadas pode ser escrita

$$D_{1,1}n^R \square\ N(0,(1/\beta^R I_{N_1 x\, N_2})) \qquad D_{1,0}n^G \square\ N(0,(1/\beta^G I_{N_1 x\, N_2}))$$

$$D_{1,1}n^G \square\ N(0,(1/\beta^G I_{N_1 x\, N_2})) \qquad D_{1,0}n^G \square\ N(0,(1/\beta^G I_{N_1 x\, N_2}))$$

como onde temos as seguintes distribuições para o ruído subamostrado:

A partir da formulação anterior, o nosso objetivo passou a ser a reconstrução de uma imagem RGB completa de alta resolução Ml xM2 f a partir de um conjunto incompleto de observações, g^{obs} in. Por outras palavras, o problema da deconvolução assumiu a forma de um problema de reconstrução de super-resolução. Por conseguinte, aplica-se a teoria desenvolvida em, tendo em conta que se trata de imagens multicanais e, por conseguinte, a relação entre canais tem de ser incluída no processo de deconvolução.

Reconstrução Bayesiana da imagem a cores

Algoritmo 1: Estimativa de 0^c ef^c assumindo que f^c ef são conhecidos.

Dado f^6 e f

1. Encontrar

$$\hat{\Theta}^c(f^{\acute{C}} \cdot f^{\check{C}}) = \arg\max P_C(f^{\acute{C}} \cdot f^{\check{C}}, g^{obs}, | \Theta^c)$$

$$= \arg\max \int_{f^c} P_c(f\,\acute{C}, f\,\check{C}, gobs, | \Theta c)\, df^c$$

2. encontrar uma estimativa do canal c utilizando

$$\hat{f}^c(\hat{\Theta}^c(f^{\acute{C}} \cdot f^{\check{C}})) = \text{argmax}\, p_c(\hat{f}^c | (f^{\acute{C}} \cdot f^{\check{C}}, g^{obs}, \hat{\Theta}^c(f^{\acute{C}} \cdot f^{\check{C}}))$$

Algoritmo 2: Reconstrução da imagem a cores.

1. Dadas f (0), $f^G(0)$ e fB(0), estimativas iniciais das bandas da imagem a cores e $0^R(0)$, $0^G(0)$ e $0^B(0)$ dos parâmetros do modelo.

2. Definir k:0

3. Calcular

$$f^R(k+1) = \hat{f}^R(\hat{\Theta}^R(f^G(k), f^B(k)))$$

executando o Algoritmo 1 no canal R com $f^G = f^G(k)$ e fB = $I^B(k)$

4. Calcular

$$f^G(k+1) = \hat{f}^G (\hat{\Theta}^G (f^R(k+1), f^B (k)))$$

executando o Algoritmo 1 no canal G com $f^R = f^R(k)$ e fB = fB (k)

5. Calcular

$$f^B(k+1) = \hat{f}^B (\hat{\Theta}^B (f^B(k+1), f^G (k+1)))$$

executando o Algoritmo 1 no canal B com $f^R = f^R(k+1)$ e $f^G = f^G(k+1)$

6. Definir k= k+1 e passar à etapa 3 até ser cumprido um critério de convergência

Embora a inspeção visual das imagens restauradas seja uma medida de qualidade muito importante, para obter comparações quantitativas da qualidade da imagem, é utilizada a melhoria da relação sinal-ruído (ASNR) para cada canal, dada

$$\Delta^C_{SNR} = 10 \; x \; log_{10} \left. \frac{\| f^c - g^{padc} \|^2}{\| f^c - f^{\hat{c}} \|^2} \right]$$

em dB por para c ϵ {R,G, B}, em *que* f^c e f^c são as imagens de alta resolução originais e estimadas, e $g^{pad\ c}$ é o resultado do preenchimento dos valores em falta na imagem observada incompleta $g^{obs\ c}$ (3) com zeros. Os resultados foram obtidos para os conjuntos de imagens de tamanho 256 x 384 retirados de [6]. Para testar o método de deconvolução proposto no Algoritmo 2, as imagens originais foram desfocadas e depois amostradas aplicando um padrão Bayer para obter as imagens observadas que deviam ser reconstruídas.

Capítulo 4

MÉTODO PROPOSTO

Na secção II-B, concluímos que a ocultação de erros em sub-bandas de alta frequência só deve tratar de danos em planos de bits elevados no primeiro e segundo níveis de decomposição, quando são utilizadas as predefinições de codificação. Com tamanhos de imagem comuns (512 X 512 + 1024 X 1024), cada sub-banda nestes níveis de resolução é constituída por apenas um bloco de código. Assim, quando é encontrado um erro, a informação da sub-banda afetada pode ser severamente, ou mesmo totalmente, alterada.

Uma vez que os coeficientes perdidos são representativos de detalhes espaciais a baixas resoluções, a sua perda resulta em padrões de erro semelhantes aos efeitos de iluminação não homogénea com um comportamento ondulante que está relacionado com a utilização da transformada wavelet. Este efeito de "onda" irritante pode ser visto claramente na Fig.1, onde as imagens corrompidas Bank e Einstein são mostradas em b e e e as diferenças absolutas com as imagens originais são mostradas em c e f.

Para corrigir estes padrões de erro, uma solução consiste em aplicar uma filtragem passa-baixo adequada no domínio espacial. A filtragem deve ser capaz de remover gradualmente o artefacto perturbador da "onda", preservando simultaneamente as caraterísticas da imagem, como a definição dos bordos e o valor da intensidade. De facto, é difícil encontrar o filtro ideal para este problema, mas o filtro da mediana é um dos mais adequados. Entre as suas propriedades, tem caraterísticas passa-baixo e é muito eficiente na remoção de ruído que tem uma distribuição de cauda longa. Não só suaviza o ruído em regiões homogéneas da imagem, como também produz regiões de intensidade constante ou quase constante, preservando a nitidez das margens.

Como desvantagem, embora a opção de filtragem seja capaz de ocultar parcialmente o efeito da alteração do coeficiente wavelet, introduz inevitavelmente uma certa quantidade de erros, uma vez que é implementada uniformemente em toda a imagem. Consequentemente, a própria filtragem espacial não é capaz de ocultar corretamente os erros, mas pode ser utilizada para obter uma aproximação da imagem original. Para resolver parcialmente estes inconvenientes, o filtro pode ser aplicado iterativamente para melhorar os seus efeitos de suavização; além disso, os danos de efeito secundário nas sub-bandas corretamente recebidas podem ser removidos através da reintrodução dos coeficientes corretos.

Estas considerações constituem a base do algoritmo de ocultação proposto, descrito na subsecção seguinte. Após a análise dos resultados, é proposta uma extensão do algoritmo para melhorar o seu desempenho; a análise e a extensão são apresentadas nas subsecções B e C, respetivamente.

A. Algoritmo de base: -

Com base na análise anterior, desenvolvemos um algoritmo iterativo para a ocultação de erros que se baseia na teoria do POCS num sentido fraco.

Embora a descrição seguinte se refira aos coeficientes da transformada wavelet, é necessário dizer que o algoritmo em si trabalha diretamente com o fluxo de bits do JPEG2000. Várias rotinas foram implementadas para extrair e inserir os coeficientes de e para o fluxo.

O primeiro passo do algoritmo consiste em zerar os coeficientes corrompidos. O fluxo resultante desta operação constitui a entrada para o processamento seguinte e representa o ponto de partida para o nosso método iterativo. Esta escolha justifica-se pelo facto de, dada a imprevisibilidade da distribuição de erros, a utilização do fluxo corrompido não modificado como ponto de partida poder resultar na instabilidade do algoritmo. Por outro lado, zerar os coeficientes corrompidos provou experimentalmente ser uma semente adequada.

O segundo passo é formular as propriedades desejadas em termos de restrições convexas. Para caraterizar essas propriedades, são consideradas as seguintes restrições e projecções.

1) A classe C1 de imagens com regiões suaves delimitadas por contornos bem definidos. Dada a generalidade desta definição, esta classe pode ser vista como contentor de várias subclasses, cada uma com diferentes operadores de projeção. Entre estes, escolhemos a filtragem pela mediana, cuja convergência para C1 não pode ser provada teoricamente. No entanto, este é um comportamento esperado que será discutido a seguir. O operador de projeção Pl sobre o conjunto convexo C1 é então

   P1f = 0M(f)

   Onde 0M(x) representa o operador de filtragem mediana aplicado à imagem x com uma janela quadrada de tamanho M. Podem surgir alguns problemas devido à extensão do conjunto Cl. Em particular, o operador @M(x) pode convergir para uma subclasse em Cl que não contenha a imagem não preenchida. Este problema é ilustrado na figura onde fO é a semente, C1.1 é o subconjunto que contém a solução correta fx, e Ct.z é outro subconjunto que contém o ponto de convergência f1. Neste exemplo" o operador escolhido conduz corretamente ao conjunto definido, mas o ponto final está longe da imagem não corrompida.

2) A classe de sinais que têm valores fixos para alguns coeficientes de wavelet. Este conjunto (C2) contém todos os vectores de sinal f no espaço real n-dimensional R^n, com algumas áreas ou sub-bandas inteiras de coeficientes de transformação iguais a valores conhecidos. Pode ser expresso como

   C2={f sR^n : [Tf]i: zi, ieI}

   em que T é um operador de transformação, zi dra constantes conhecidas e I é um conjunto de coeficientes wavelet. O operador de projeção p2 sobre o conjunto convexo C2 é então

[TP2f]i: zi,isI

[Tf]i ,caso contrário.

O operador de projeção P2 pode ser utilizado para substituir os coeficientes corrompidos pelos coeficientes calculados através de um passo de descodificação, filtragem mediana e codificação, preservando os coeficientes corretamente recebidos

Estas duas restrições são utilizadas no algoritmo iterativo proposto, descrito na Fig.3, em que cada operador de projeção é incorporado num macro bloco funcional. Após a colocação a zero dos coeficientes corrompidos, os coeficientes wavelet são transformados inversamente. A imagem resultante é então processada com o filtro mediano e transformada wavelet. De seguida, os novos coeficientes na sub-banda corrompida são substituídos no fluxo de bits original. O processo é iterado de modo que o sinal seja forçado a satisfazer as duas restrições convexas descritas anteriormente.

Fi+1:P1 P2 fi

onde Pl e P2 representam os operadores de projeção sobre os conjuntos Cl e C2, respetivamente. Embora o esquema apresentado na Fig.3 seja a representação correta e mais eficiente do método proposto, a codificação JPEG2000 foi utilizada operativamente em vez da transformada direta e inversa da wavelet. De facto, uma vez que a investigação experimental tem como principal objetivo avaliar a viabilidade e o desempenho do método nesta fase, as considerações relativas à complexidade computacional foram sacrificadas em prol da codificação e da simplicidade de implementação.

B. Debate

Para avaliar o desempenho deste algoritmo, selecionámos algumas amostras representativas de fluxos corrompidos de entre as analisadas na secção II-8. Em particular, selecionámos uma amostra para cada imagem de teste apresentada na Fig.11, caracterizada por erros no primeiro nível de decomposição e níveis de plano de bits no intervalo 2T+25. O filtro da mediana, combinado com a transformada iterativa e a substituição de sub-banda, foi então aplicado a estas imagens corrompidas. Este algoritmo provou experimentalmente ser eficaz na ocultação de erros de imagens codificadas por wavelets. Isto é confirmado pela avaliação da qualidade PSNR apresentada na Fig. 4(a). Obteve-se uma melhoria média de quase 5 dB com valores mínimos e máximos de 1,05 e 8,99 dB, respetivamente.

Em particular, o algoritmo depende fortemente do tamanho do filtro (M) e do número de iterações (N); além disso, apresenta um comportamento diferente com diferentes tipos de imagens (altamente texturadas, naturais, etc.). Este fenómeno é evidenciado na Fig. 4(b), onde as combinações de M e N para os melhores resultados são representadas num gráfico de dispersão para cada imagem de teste. Estas foram obtidas calculando o PSNR das imagens filtradas em relação à imagem original, variando M e N. De facto, os resultados encorajadores da fig. 4(a) foram obtidos com estas melhores combinações, que são bastante diferentes para cada imagem. Para obter tais resultados, é essencial definir um procedimento para selecionar os valores adequados de M e N para cada imagem num contexto real de ocultação de erros, em que as imagens originais não estão obviamente disponíveis.

Uma solução possível assenta na utilização de um par de valores fixos a utilizar para cada imagem, que podem ser calculados experimentalmente maximizando os resultados da filtragem num conjunto heterogéneo considerável de imagens off-line.

No entanto, a dispersão dos pontos na Fig.4(b) não é favorável a esta solução. Para analisar melhor a sua eficácia, observámos o comportamento do filtro variando M e N para cada uma das diferentes imagens. Devido a problemas de espaço, nas Fig. 5 e 6, apresentamos os resultados para apenas duas das nossas imagens de teste (Bank e Einstein); no entanto, é suficiente para efetuar a nossa análise. Para cada tamanho de filtro, foram consideradas 30 iterações e o PSNR resultante foi calculado em comparação com a imagem co-decodificada não corrompida. As duas linhas rectas marcadas por "corr" e "zero" representam o PSNR obtido para a imagem corrompida e para a imagem obtida após a redução a zero da sub-banda danificada, respetivamente. Estas foram introduzidas para avaliar melhor os efeitos da variação do número de iterações e do tamanho da janela. Em ambos os casos, podem ser obtidas melhorias significativas com a combinação correta de M e N. No entanto, o mesmo par de valores tem efeitos bastante diferentes nas duas imagens. Por conseguinte, a utilização de valores fixos para cada imagem reduz consideravelmente a eficácia do algoritmo quando utilizado num contexto realista. Quando se aplicam valores fixos a todo o conjunto de imagens de teste, obtém-se uma melhoria média de quase 1 dB inferior à obtida com os valores óptimos apresentados no início desta secção.

Esta análise exige um procedimento capaz de adaptar M e N às caraterísticas da imagem a filtrar. Neste ponto, vale a pena considerar que os efeitos desejados de mascaramento de erros são frequentemente alcançados com filtros grandes, mas, por outro lado, a sua utilização em áreas com detalhes finos leva à deterioração das caraterísticas das margens. Estas considerações levam à exploração de um método adaptativo. Podem ser seguidas duas abordagens diferentes: ajustar o tamanho do filtro uma vez para cada imagem (adaptabilidade baseada em considerações globais da imagem) ou definir o tamanho do filtro localmente na imagem (adaptabilidade baseada na análise local da imagem). Uma vez que cada imagem é composta por regiões com caraterísticas diferentes, esta última opção parece ser a mais adequada. Por conseguinte, a adaptabilidade da nova abordagem deve basear-se numa análise local da energia da imagem em termos de intensidade dos bordos.

Para avaliar os efeitos positivos e negativos do filtro mediano e mostrar que o tamanho ótimo da máscara depende efetivamente das caraterísticas locais da imagem, foram produzidas duas imagens sintéticas: círculos, que representam erros de LH numa região suave a ocultar, e regiões, que contêm objectos com arestas bem definidas a preservar. Espera-se que o filtro da mediana seja benéfico na remoção dos artefactos de frequência da imagem dos círculos, mas também se espera que corrompa as imagens das regiões. Com diferentes tamanhos de máscara, as imagens foram filtradas pela mediana e o valor PSNR foi calculado pela comparação de etiquetas. Em particular, para os círculos, a comparação destina-se a mostrar o efeito positivo da filtragem mediana, e é efectuada calculando a diferença entre o PSNR das imagens filtradas e originais e o PSNR das imagens corrompidas e originais. Nas regiões, a comparação consiste no PSNR calculado entre a imagem original e a imagem filtrada, mostrando assim o efeito da degradação dos detalhes. A experiência é relatada em que os efeitos positivos e negativos são bem visíveis. Como esperado, enquanto a aplicação do filtro mediano tende a corrigir os defeitos dos círculos da imagem, afecta severamente a qualidade das regiões da imagem. De facto, como o filtro da mediana substitui o valor da mediana numa janela de M X M pixels, é capaz de corrigir gradientes que variam lentamente, como os artefactos causados pela perda de coeficientes wavelet. No entanto, a filtragem mediana de regiões de borda, especialmente com máscaras grandes, resulta em perda de detalhes e deterioração do contorno. Este comportamento, embora exagerado no nosso teste, é expetável que aconteça também com imagens naturais e pode ser de grande relevância para o nosso método. Para melhorar o desempenho da operação de filtragem, é então necessário equilibrar adaptativamente os efeitos da redução de artefactos e da deterioração dos contornos. Por estas razões, é altamente desejável uma filtragem adaptativa. Através de tais métodos, a capacidade de correção de gradientes que variam lentamente deve ser preservada, enquanto a deterioração dos bordos e dos detalhes deve ser evitada. Mesmo que não actue diretamente sobre o número de iterações óptimas a aplicar a cada imagem, espera-se que a utilização desta abordagem adaptativa torne o algoritmo menos sensível ao número de iterações. Este comportamento é analisado de seguida.

C. Algoritmo adaptativo

Considerámos as limitações dos filtros convencionais e introduzimos a ideia de aplicar uma filtragem adaptativa para obter melhores resultados e um comportamento mais regular.

e o cálculo da magni $S_{i,j} = \sqrt{(S^h \emptyset I_{x-i,y-j})^2 + S^v \ \emptyset I_{x-i,y-j})^2}$

O método proposto baseia-se num filtro mediano adaptável ao tamanho. O nosso objetivo é construir um filtro automático, que escolhe uma máscara pequena na proximidade de arestas e detalhes, enquanto opta por uma máscara grande em regiões planas ou de variação lenta. Avaliar as caraterísticas de cada mapa dadas pela aplicação do filtro Sobel.

A nova abordagem é substancialmente equivalente à descrita na Fig.3, exceto no que diz respeito ao motor de filtragem. Em vez de aplicarmos o filtro mediano simples, desenvolvemos o filtro mediano adaptativo à energia esboçado na Fig. 9. Consideramos primeiro o operador Sobel, obtido através da convolução da imagem com as máscaras.

$$S^{(h)\,0} = \begin{matrix} 1 & 2 & 1 \\ & 0 & 0 \\ -1 & -2 & -1 \end{matrix} \qquad S^{v} = \begin{matrix} -1 & 0 & 1 \\ 2 & 0 & 2 \\ -1 & 0 & 1 \end{matrix}$$

para obter o mapa de bordos da imagem original. Dado Si,j, os pixels resultantes da operação de deteção de bordos, definimos a energia dos bordos sobre a máscara de tamanho M. O tamanho da máscara para a filtragem mediana de cada pixel circundante é então escolhido iterativamente. Partindo do maior tamanho (M X M pixéis), procuramos o tamanho M da seguinte forma:

se E_{JJ} <- th_e então escolher o tamanho M e sair

senão diminuir M de 2 e repetir

em que th_e é um nível de limiar fixo. No caso de a energia ser sempre superior ao limiar desejado, o filtro mediano é aplicado numa área de 3 x 3 pixels. O valor do limiar foi selecionado experimentalmente. Em particular, uma primeira aproximação consiste em definir o valor do limiar como uma fração do termo de energia. Uma vez que a máscara de Sobel é redimensionada para valores inteiros no intervalo 0 - 255 e o termo de energia é normalizado em relação à dimensão da máscara, o seu valor pode variar entre 0 e 255. Inicialmente, o limiar foi fixado em \0o/o desse intervalo (25,5). Para avaliar esta escolha, foram efectuadas várias experiências. De facto, uma única iteração da operação de filtragem foi aplicada a todas as imagens do nosso conjunto de experiências com valores de limiar variáveis. O valor médio das melhores estimativas de limiar foi selecionado como limiar operativo. Em particular, esse valor foi alterado do valor previsto de 25,5 para 22,5.

Um exemplo do nosso método é ilustrado na Fig.10. Em (a), é apresentada uma região relativamente pequena que contém caraterísticas de bordos da imagem Lena, enquanto em (b) é representado o seu mapa de bordos; finalmente, em (c) são apresentados os tamanhos de máscara escolhidos. A eficácia da seleção adaptativa do tamanho da máscara do filtro é mostrada na secção seguinte.

Capítulo 5

RESULTADOS EXPERIMENTAIS

As experiências permitem avaliar a melhoria obtida com o procedimento de filtragem adaptativa em comparação com a versão básica da técnica de ocultação. Como já foi referido, as imagens corrompidas foram obtidas a partir das imagens originais codificadas utilizando os marcadores SOP e SEGMARK, cinco níveis de decomposição wavelet, single tile, tamanho de bloco de código 32 X 32, e corrompidas no primeiro ou segundo nível de decomposição em planos de bits no intervalo 27 - 25. O PSNR foi utilizado como métrica de qualidade e foi calculado comparando as imagens ocultas ou corrompidas com as imagens transmitidas, ou seja, as imagens co-decodificadas JPEG2000.

Os resultados globais do algoritmo de base implicam que, para cada imagem de teste, as barras representam os resultados PSNR para diferentes versões da imagem: a corrompida (corr); a sub-banda corrompida com substituição zero (zero); a ocultação com a melhor combinação de tamanho do filtro e número de iterações (best); e a ocultação utilizando os valores fixos para estes dois parâmetros, obtidos selecionando os melhores valores médios em todo o conjunto de imagens (fixed). A Fig. a(b) apresenta os valores dos parâmetros utilizados para as versões melhor (diferentes para cada imagem) e fixa (os valores médios). Note-se que a ocultação é eficaz em todos os casos e que a combinação de parâmetros médios funciona em todos os casos, exceto no caso do Banco, em que a ocultação conduz a uma maior degradação da imagem. Este comportamento é extremamente indesejável, uma vez que invalida a opção de fixar um conjunto de parâmetros. Alguns detalhes para as imagens preciosas (Banco e Einstein) são fornecidos no caso da melhor combinação de parâmetros do algoritmo. Para cada imagem, o resultado do algoritmo básico (lado direito) é comparado com a imagem corrompida. A melhoria da qualidade é particularmente significativa para os detalhes do Banco, onde os artefactos são quase completamente removidos. Por outro lado, a melhoria de Einstein é menos visível mas ainda assim importante, considerando também que a imagem corrompida apresenta menos artefactos do que no caso anterior.

Relativamente ao algoritmo adaptativo, os resultados para as imagens Bank e Einstein versus o número de iterações. Desta vez, as formas das curvas são semelhantes, ao contrário do que foi observado anteriormente". Uma melhoria de mais de 9 dB em relação às imagens corrompidas foi alcançada em ambos os casos após oito e 18 iterações para Einstein e Bank, respetivamente. Além disso, pode notar-se que são obtidos bons resultados para ambas as imagens num intervalo comum (19 - 27).

Para avaliar subjetivamente os resultados, são apresentados na Fig.15 alguns detalhes das imagens Lena, Boat e Peppers. A imagem mais à esquerda é a versão corrompida; no meio está o resultado da ocultação com o algoritmo básico; a mais à direita é o resultado do algoritmo adaptativo. Em todos os casos, o método adaptativo produz melhores resultados do que o método básico. Em particular, na Fig. 15(a), o pormenor do ombro de Lena é mais claramente definido na imagem mais à direita. Na Fig. 15(b), os artefactos de distorção são melhor removidos da quilha do barco com os métodos adaptativos. Na Fig. 15(c), o espaço negro entre os dois pimentos na parte inferior é novamente melhor restaurado com o algoritmo adaptativo.

Os resultados globais obtidos com o algoritmo adaptativo são apresentados na Fig.16. As primeiras quatro barras representam os resultados PSNR para a versão corrompida, a substituição zero da sub-banda corrompida, o número de iterações ótimo e fixo, respetivamente. Os resultados "óptimos" foram obtidos selecionando os melhores resultados, variando o número de iterações para cada imagem, enquanto os "fixos" foram obtidos utilizando o mesmo valor para todas as imagens. Embora tenha sido alcançada uma melhoria média de quase 4,5 dB, pode notar-se que, por vezes, os resultados "fixos" são um decibel ou mais inferiores aos "óptimos". Por conseguinte, foram testados outros critérios de paragem. Entre estes, o critério mais bem sucedido baseia-se no cálculo da diferença entre as imagens resultantes no final das iterações i e i+1. A abordagem adoptada baseia-se na observação de que o algoritmo iterativo converge para um ponto dentro dos dois conjuntos convexos com progressos que diminuem à medida que o número de iterações aumenta. É necessário verificar se existe uma certa correlação entre a curva de qualidade. A Fig.17 apresenta os resultados desta análise para a imagem do Banco; observam-se resultados semelhantes para as outras imagens. Como esperado, a quantidade de melhoria diminui com o aumento do número de iterações. Perto da melhoria máxima, o avanço torna-se mais pequeno. No entanto, após o ponto de melhoria máxima, as iterações adicionais resultam numa diminuição da qualidade da imagem. Isto deve-se ao fenómeno ilustrado em que o ponto final é mais distante da imagem original em relação a um ponto intermédio. O limiar ótimo de MSE que permite parar as iterações perto do ponto de melhoramento máximo foi determinado experimentalmente. Em particular, foi obtido um valor de 0,1 (Fig.17). Com este critério, pode ser calculado um número específico de iterações para cada imagem. Todas as experiências para a versão adaptativa do algoritmo foram repetidas com o novo critério, obtendo-se valores PSNR mais elevados em comparação com os resultados "fixos", como se mostra na Fig. 16 (barras baseadas no MSE). A última barra desta figura representa o resultado do método básico com a melhor combinação média de parâmetros.

Para completar a análise do desempenho do algoritmo proposto, é importante notar que, uma vez que o primeiro passo do nosso algoritmo consiste em zerar todos os coeficientes da sub-banda corrompida, o nível do plano de bits afetado não influencia a qualidade da imagem resultante após a aplicação do algoritmo de ocultação. No entanto, a extensão do erro varia significativamente em função das vantagens introduzidas pela ocultação. Assim, a adequação do nosso algoritmo está relacionada com a degradação da qualidade da imagem corrompida, que, por sua vez, depende do plano de bits afetado pelos erros. Para ilustrar o desempenho do nosso algoritmo no caso de planos de bits afectados por erros, pode ser criada uma tabela para mostrar o PSNR em imagens corrompidas e após a redução a zero da sub-banda para vários níveis de erro. No caso de zeragem, todos os planos de bits são colocados a zero, desde o plano corrompido até ao menos significativo. A11 os resultados referem-se à sub-banda LH no primeiro nível de decomposição. Comparando os resultados deste quadro com os apresentados na Fig.16, é evidente que o desempenho da nossa técnica de ocultação de erros é particularmente satisfatório quando os erros se encontram nos planos de bits mais significativos. No entanto, essas imagens corrompidas apresentam artefactos quase invisíveis.

CONCLUSÃO

Investigámos o problema da ocultação de erros do JPEG2000 em altas frequências nos níveis mais baixos de decomposição. Foi desenvolvido um método baseado na teoria da projeção sobre conjuntos convexos, definindo dois conjuntos convexos que têm em conta as caraterísticas espaciais da imagem e a consistência dos coeficientes transformados. Quanto ao primeiro conjunto, considera-se uma filtragem mediana com um tamanho de máscara fixo para a implementação do operador de projeção. A projeção sobre o segundo conjunto é realizada através da restauração dos coeficientes wavelet corretamente recebidos nas sub-bandas não corrompidas. Os resultados experimentais provaram uma melhoria média da qualidade com uma variância elevada, o que realçou a dependência do algoritmo das caraterísticas da imagem. Após estudos experimentais, foi desenvolvido o filtro mediano adaptativo para melhorar e normalizar o desempenho do nosso método. Os resultados finais mostram boas melhorias objectivas em termos de PSNR, com um ganho médio de cerca de 6,5 dB em relação às imagens corrompidas e de 2,9 dB em relação às imagens anuladas. Com base em comparações subjectivas, é possível observar que os artefactos visuais derivados da corrupção dos coeficientes de transformação são, na sua maioria, removidos e um bom nível de qualidade percetual é geralmente restaurado.

Apêndice - I

Quadro - I

Resultados PSNR, média de várias imagens, variando o plano de bits e a sub-banda afetada pelo erro

Nível de decompo sição	Sub-banda	Bitplane 27	Bitplane 26	Bitplane 25	Bitplane 24	Bitplane 23	Bitpla ne 22
Primeiro	LH	2.6	26.1	32.4	34.0	39.1	42.8
	HL	20.8	25.1	28.3	32.8	39.2	44.2
	HH	24.5	26.7	30.3	35.2	39.2	46.5
Segundo	LH	26.4	28.3	31.4	34.1	38.8	42.6
	HL	25.2	28.9	29.5	33.9	39.6	45.3
	HH	27.7	25.9	32.6	36.1	40.7	44.1
Terceiro	LH	32.5	33.0	40.3	42.4	46.0	51.1
	HL	33.1	35.7	37.9	41.5	45.3	52.6
	HH	36.0	38.0	40.6	44.3	47.6	51.5

Quadro - II

PSNR para as imagens de teste após a corrupção de erros e a colocação a zero na sub-banda LH do
primeiro nível de decomposição em diferentes planos de bits

Imagem		Bitplane 27	Bitplane 26	Bitplane 25	Bitplane 24
Banco	Corrompido	*	22.22	26.68	30.28
	Zeragem	*	25.01	28.53	31.15
Leena	Corrompido	*	26.88	32.68	33.62
	Zeragem	*	31.52	33.02	64.78
Barco	Corrompido	21.46	25.52	27.36	33.16
	Zeragem	25.09	26.01	29.56	35.43

Einstein	Corrompido Zeragem	22.12 28.42	29.61 30.02	33.27 33.89	34.67 35.23
Goldhill	Corrompido Zeragem	* *	* *	26.99 29.83	31.54 32.67
Zelda	Corrompido Zeragem	* *	28.00 28.69	31.48 32.59	33.21 34.12
Pimentos	Corrompido Zeragem	21.23 25.55	27.14 27.89	28.06 29.67	32.09 33.15

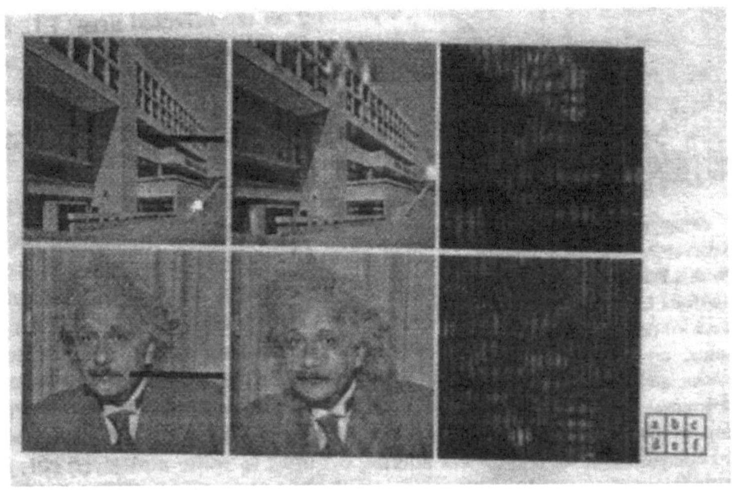

Fig. 1. Efeitos de um erro de bit nas imagens codificadas em JPEG *(a* e *d)* e JPEG2000 (erro no primeiro nível de decomposição, sub-banda LH. 26º plano de bits) *(b* e *e}* para as imagens *do Banco* (em cima) e *do Einstein* (em baixo); em *c* e/ são apresentadas as diferenças absolutas entre as imagens em *b* e e e as imagens originais.

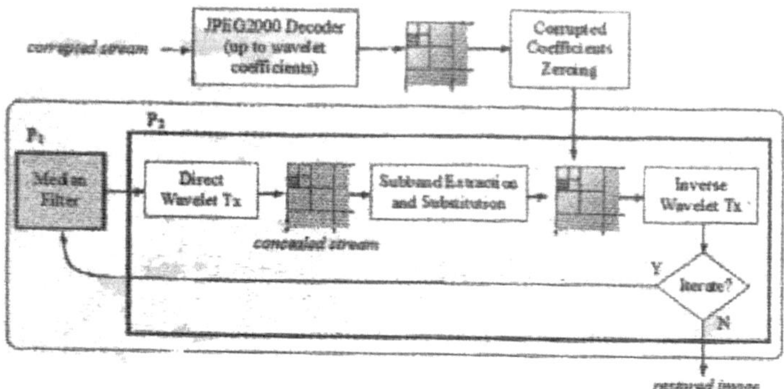

Fig. 3. Esquema do algoritmo de ocultação de erros proposto.

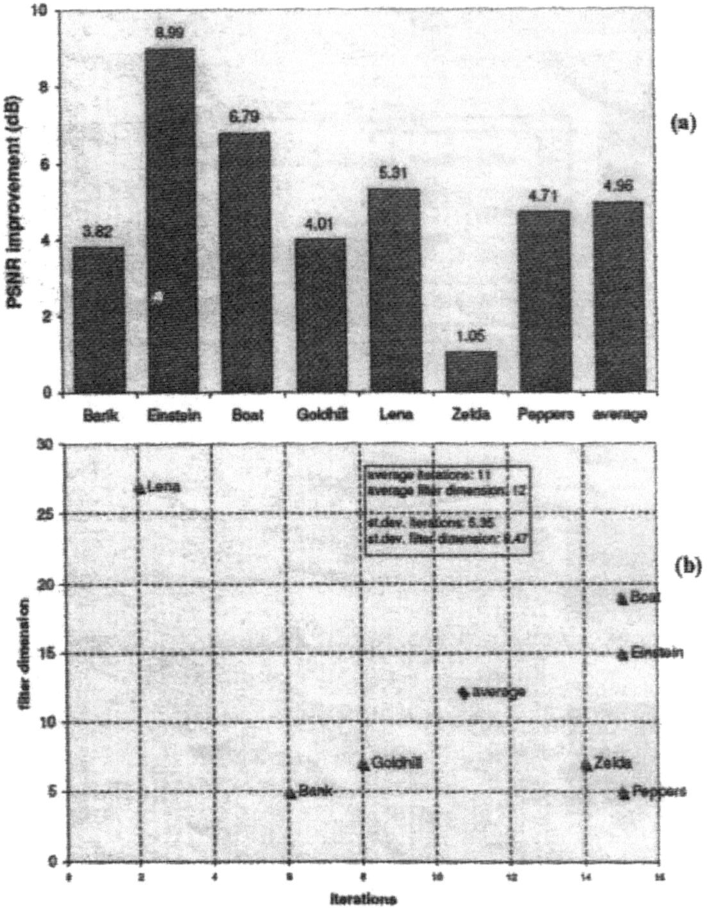

Fig. 4. (a) PSNR improvement for each test image over the corresponding corrupted images. (b) Best results distribution scatter plot.

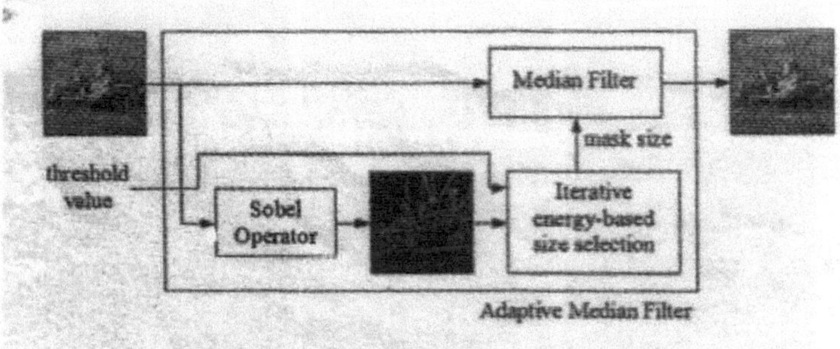

Fig. 9. Scheme of the adaptive median filter.

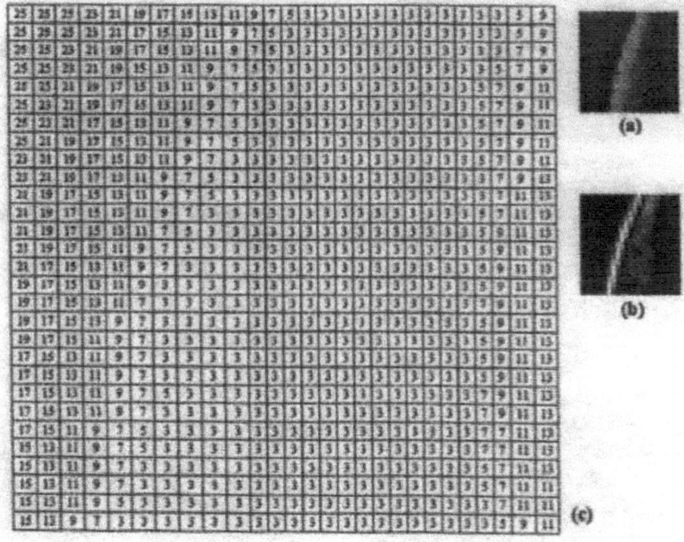

Fig. 10. Results of the adaptive selection of the filter mask size for a detail of *Lena*'s hat. (a) Original image; (b) edge map; (c) chosen mask sizes.

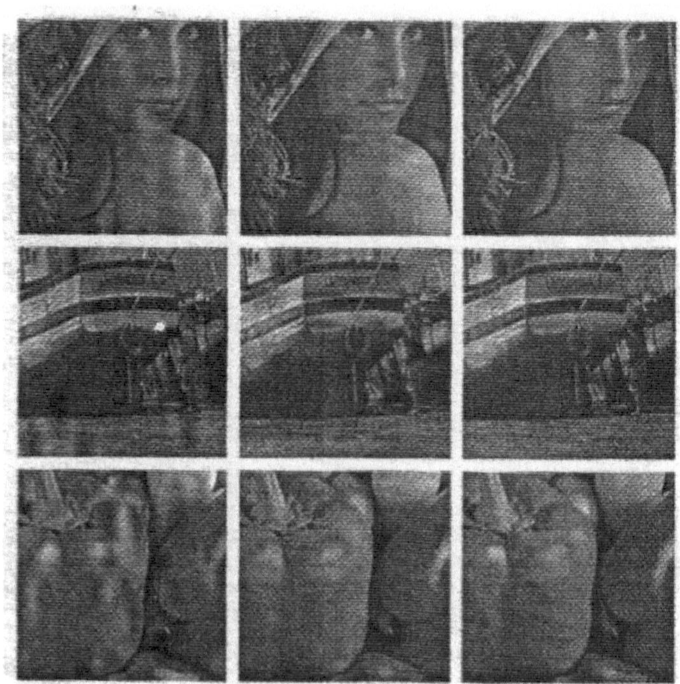

Fig. 15. Detalhes que mostram a melhoria obtida com o algoritmo adaptativo, (a) *Lena'*, (b) *Boat'*, (c) *Peppers*. Esquerda=camuflada; centro=concebida com algoritmo básico; direita=concebida com algoritmo adaptativo.

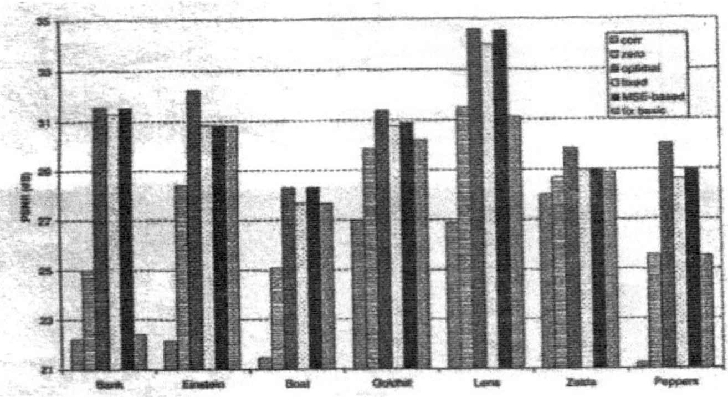

Fig. 16. Results of the adaptive algorithm: corrupted image (corr), zeroing of the damaged subband (zero), concealment with the optimal and fixed number of iterations (fixed), concealment when using the MSE-based stopping criteria (MSE-based), and concealment with the basic algorithm with fixed window size

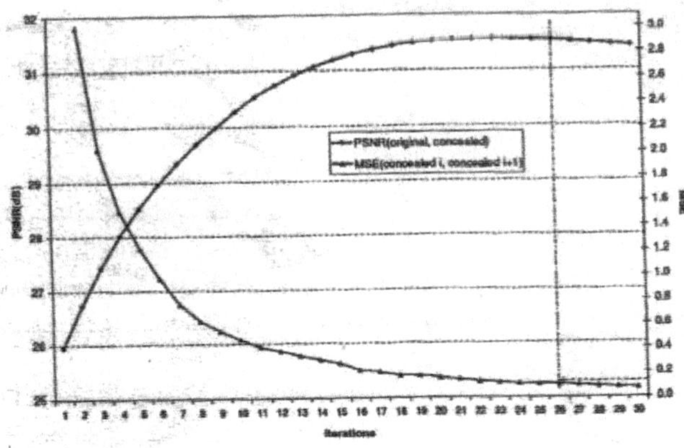

e o número de arejamentos (fixação de base)

Fig. 17. Curva de qualidade (em termos de PSNR entre a imagem original e a imagem resultante al iteração 0 e curva de diferença (em termos de MSE entre as imagens resultantes no passo *i* e i + 1) para a imagem *Banco.*

Apêndice - III

Filtragem passa-baixo

Filtragem passa-baixo PRO

Importar a imagem do ficheiro.

ficheiro : FILEPATH('nyny.dat',$
  SUBDIRECTÓRIO : ['exemplos','dados'])

imageSize : [768, 5121

image : READ_BINARY(fr1e, DATA-DIM S : imageSize)

Cortar a imagem para focar as pontes,

croppedSize: [96, 96]

imagem recortada: imagem[200:(croppedSize[0] - 1) + 200, S 180:(croppedSize[1] - 1) + 180]

Inicializar o ecrã,

DISPOSITIVO, DECOMPOSTO = 0

LOADCT, 0

displaySize : [256, 256]

Criar uma janela e visualizar a imagem recortada,

WINDOW, 0, XSIZE = displaySize[0],YSIZE = displaySize[1],$

TÍTULO - 'Imagem de Nova Iorque recortada'

TVSCL, CONGRID(croppedImage, displaySize[0], $ displaySize[1])

Criar um filtro passa-baixo.

kernelsize = [3, 3]

kernel = REPLICATE((1 ./(kernelsize[0]*kernelSize[1])), $ kemelsize[0], kernelSize[1])

Aplicar o filtro à imagem,

filteredImage = CONVOL(FLOAT(croppedImage), kernel' $ /CENTER, /EDGE_TRUNCATE)

Criar outra janela e mostrar a imagem filtrada resultante.

WINDOW, 1, XSIZE = displaySize[0], YSIZE: displaySize[l], $ TITLE= 'Imagem de Nova Iorque filtrada com passa-baixo'

TVSCL, CONGRID (filteredImage, displayS ize [0], $ displaySize[1])

; Criar outra janela e apresentar a imagem combinada, WINDOW, 2, KSIZE : displaySize[0], YSIZE = displaySize [1], $ TITLE = 'Low Pass Combined New York Image' TVSCL, CONGRID (croppedImage + filteredImage, $ displaySize[0], displaySize[1])

FIM

Filtragem passa-alto

PRO HighPassFiltering

Importar a imagem do ficheiro,

ficheiro = FILEPATH('nyny.dat', $

SUBDIRECTÓRIO = ['exemplos', 'dados'])

imageSize : [768,5121

imagem = READ_BINARY(ficheiro, DATA_DIMS : imageSize)

Cortar a imagem para focar as pontes,

croppedSiz e : [96,96)

imagem recortada = imagem[200:(croppedSize[0] - 1) + 200, S

180:(croppedSize[1] - 1) + 180]

Inicializar o ecrã,

DISPOSITIVO, DECOMPOSTO = 0

LOADCT, 0

displaySize : [256, 256]

Criar uma janela e visualizar a imagem recortada.

WINDOW, 0, XSIZE = displaySize[0], YSIZE: displaySize[l], $ TITLE = 'Imagem de Nova Iorque recortada'

TVSCL, CONGRID(croppedImage, displaySize[0], $ displaySize[1])

Criar um filtro passa-alto,

Tamanho do núcleo = [3, 3]

kernel = REPLICATE(-1./9., kernelsize[0], kernelSize[1])

kernel[1, 1] : 8./9.

; Aplicar o filtro à imagem, filteredImage = CONVOL(FLOAT(croppedImage), kernel, $

/CENTER, /EDGE_TRLTNCATE)

Criar outra janela e mostrar a imagem filtrada resultante.

WINDOW, 1, XSIZE: displaySize[0], YSIZE: displaySize[l], $

TITLE = "Imagem de Nova Iorque filtrada com filtro passa-alto

TVSCL, CONGRID(filteredImage, displaySize[0], $ displaySize[1])

Criar outra janela e apresentar as imagens combinadas

WINDOW, 2, XSIZE = displaySize[0], YSIZE : displayS ize [1], $ TITLE= 'Imagem de Nova Iorque combinada de alta passagem'

TVSCL, CONGRID(croppedImage + filteredImage, $ displaySize[0], displaySize[1])

FIM

Filtragem de direcções

Filtragem de direção PRO

Importar a imagem do ficheiro.

ficheiro = FILEPATH('nyny.dat', $

SUBDIRECTÓRIO = ['exemplos', 'dados'])

imageSize =[768,512]

imagem : READ_BINARY(ficheiro, DATA_DIMS = imageSize)

Cortar a imagem para focar as pontes.

croppedSize =[96,96]

imagem recortada = imagem[200:(croppedSize[0] - 1) + 200, $

180:(croppedSize[1] - 1) + 180]

Inicializar o ecrã.

DISPOSITIVO, DECOMPOSTO =0

LOADCT, 0

displaySize : [256, 256]

Criar uma janela e visualizar a imagem recortada.

WINDOW, 0, XSIZE = displaySize[0],YSIZE =displaySize[1],$ TITLE = 'Imagem de Nova Iorque recortada'

TVSCL, CONGRID(croppedImage, displaySize[0], $ displaySize[1])

Criar um filtro direcional.

kernelSize = [3, 3]

kernel = FLTARR(tamanho do kernel [0], kernelSize [1])

kernel[0, *]: -1.

kernel[2, *]: 1.

Aplicar o filtro à imagem.

filteredImage : CONVOL(FLOAT(croppedImage), kernel, $ /CENTER, /EDGE-TRTINCATE)

Criar uma outra janela e visualizar o resultado

; imagem filtrada.

WINDOW, 1, XSZE = displaySize[00,YSIZE : displaySize[l], $

TITLE = "Imagem de Nova Iorque filtrada pela direção

TVSCL, CONGRID(filteredImage, displaySize[0], $ displaySize[1])

Criar outra janela e mostrar os declives negativos como

; a preto, os declives nulos a cinzento e os declives positivos a

; branco.

WINDOW, 2, XSIZE = displaySi ze[0], YSIZE = displaySize [1], $ TITLE = 'Inclinações da imagem de Nova Iorque filtrada por direcções'

TVSCL, CONGRID(-1 > FIX(filteredImage/50) < 1, displaySize [0], $ displaySize[1])

FIM

Filtragem de Laplace

PRO LaplaceFiltering

Importar a imagem do ficheiro.

ficheiro = FILEPATH('nyny.dat', $

SUBDIRECTÓRIO = ['exemplos', 'dados'])

imageSize =[768,512]

image = READ_BNARY(fi1e, DAT_DIMS = imageSize)

Cortar a imagem para focar as pontes.

croppedSize= [96,96]

croppedImage= imagem[200=(croppedSize[0] - 1) + 200, $
180=(croppedSize[1] - 1) + 180]

Inicializar o ecrã.

DISPOSITIVO, DECOMPOSTO = 0
LOADCT, 0
displaySize = [256, 256]

Criar uma janela e visualizar a imagem recortada.

WINDOW, 0, XSIZE= displaySizel[0], YSIZE= displaySize[1], $ TITLE='Imagem de Nova Iorque recortada'
TVSCL, CONGRID(croppedImage, displaySize[0], $ displaySize[l])

Criar um filtro Laplaciano.

kernelSize= [3,3]
kernel = FLTARR(tamanho do kernel [0], kernelSize [1])
kernel[1, *]= -1.
kernel[*, 1]= -1.
kernel[1, l]=4.
Aplicar o filtro à imagem.
filteredImage = CONVOL(FLOAT(croppedImage), kernel, $
/CENTER, /EDGE_TRUNCATE)

Criar outra janela e mostrar a imagem filtrada resultante.

WINDOW, 1, XSIZE= displaySize[0], YSIZE= displaySize[1], $ TITLE = 'Imagem de Nova Iorque filtrada por Laplace'
TVSCL, CONGRID(filteredImage, displaySize [0]' $ displaySize[1])
PRINT, MIN(imagemfiltrada), MAX(imagemfiltrada)

Criar outra janela e mostrar apenas os valores negativos da imagem.

WINDOW, 2, XSIZE=displaySize[0],YSIZE=displaySize[1],$ TITLE= 'Valores negativos da imagem de Nova Iorque filtrada por Laplace' TVSCL,

CONGRID(filteredImage < 0, $

displaySize[0], displaySize[1])

FIM

<u>Suavizar com SMOOTH</u>

PRO SmoothingwithSMooTH

Importar a imagem do ficheiro.

ficheiro = FILEPATH('rbcells.jpg', $

SUBDIRECTÓRIO = ['exemplos','dados'])

READ-JPEG, ficheiro, imagem

imageSize = SIZE(image, /DIMENSIONS)

Inicializar o ecrã.

DISPOSITIVO, DECOMPOSTO = 0

LOADCT, 0

Criar uma janela e visualizar a imagem original.

WINDOW, 0, XSIZE= imageSize[0], YSIZE= imageSize[l], $

TITLE - Imagem original'

TV, imagem

Criar outra janela e mostrar a imagem original

; como uma superfície.

WINDOW, 1, TITLE-Original Image as a Surface'

SHADE_SURF, image, /XSTYLE, /YSTYLE, CHARSIZE-2., $

XTITLE = 'Width Pixels', $

YTITLE = "Pixéis de altura", $

ZTITLE= 'Valores de intensidade', $

TITLE= 'Imagem de glóbulos vermelhos'

Suavizar a imagem com a função SMOOTH, que utiliza

; as médias dos valores de imagem.

smoothedImage = SMOOTH(image, 5, /EDGE-TRI-INCATE)

Criar uma outra janela e apresentar a imagem suavizada como uma superfície.

WINDOW, 2, TITLE = 'Imagem suavizada como uma superfície'

SHADE_SURF, smoothedImage, /XSTYLE, /YSTYLE, CHARSIZE = 2., $

XTITLE = 'Width Pixels', $

YTITLE = "Pixéis de altura", $

ZTITLE = "Valores de intensidade", $

TITLE = "Imagem de célula suavizada

Criar uma outra janela e visualizar a imagem suavizada.

WINDOW, 3, XSIZE= imagesize[0], YSIZE= imageSize[1], $ TITLE = 'Smoothed Image'

TV, imagem suavizada

FIM

<u>Histograma</u>

PRO Equalização

Importar a imagem do ficheiro.

ficheiro = FILEPATH('mineral.png', $

SUBDIRECTÓRIO = ['exemplos','dados'])

image= READ_PNG(fi1e, red, green, blue) imageSize = SIZE(image, /DIMENSIONS)

Inicializar o ecrã.

DISPOSITIVO, DECOMPOSTO = 0

TVLCT, vermelho, verde, azul

Criar uma janela e visualizar a imagem original.

WINDOW, 0, XSIZE= imageSizef0], YSIZE= imageSize[1], $ TITLE = 'Imagem original'

TV, imagem

Criar uma outra janela e visualizar o histograma do

; a imagem original.

WINDOW, 1, TITLE='Histograma de imagem'

PLOT, HISTOGRAM(imagem), /XSTYLE, /YSTYLE, $

TITLE - Histograma da imagem mineral', $

XTITLE -'Valor da intensidade', $

YTITLE -'Número de píxeis desse valor'

Histograma - equalizar a imagem.

equalizedImage - HIST-EQUAL(imagem)

Criar uma outra janela e visualizar a imagem igualizada.

WINDOW, 2, XSIZE - imageSize[0], YSIZE - imageSize[1]' $ TITLE - 'Imagem equalizada'

TV, equalizedImage

Criar uma outra janela e visualizar o histograma do

; imagem equalizada.

WINDOW, 3, TITLE-'Histograma da imagem equalizada'

PLOT, HlsTocRAM(equalizedImage), /XSTYLE, /YSTYLE' $

TITLE = 'Equalized Image Histogram', S

XTITLE = "Valor da intensidade", $

YTITLE= 'Número de píxeis desse valor'

FIM

<u>Remoção de ruído comFFT</u>

PRO Remoção de ruído comFFT

Importar a imagem do ficheiro.

imageSize =164,64)

ficheiro = FILEPATH('abnorm.dat', $

SUBDIRECTÓRIO = ['exemplos', 'dados'])

image = READ-BINARY(file, DATA-DIMS = imageSize)

Inicializar um parâmetro de tamanho do ecrã para redimensionar o

; imagem quando a apresenta.

displaySize = 2* imageSize

Inicializar o ecrã.

DISPOSITIVO, DECOMPOSTO = 0

LOADCT, 0

Criar uma janela e visualizar a imagem original.

WINDOW, 0, XSIZE = 2*displaySize[0], YSIZE = displaySize[1], $ TITLE =

'Imagem original e espetro de potência'

TVSCL, CONGRID(imagem, displaySize[0], displaySize[1]), 0

Transformar a imagem no domínio da frequência.

ffTrans form = FFT(imagem)

Deslocar a localização da frequência zero de (0, 0) para

; no centro do ecrã.

center= imageSize/2 + I

fftShifted = SHIFT(ffTransform, c enter)

Calcular a frequência horizontal e vertical

I, que serão utilizados como valores para os valores

; eixos do ecrã.

intervalo = l.

hFrequência = INDGEN(tamanho da imagem[0])

hFrequência[centro[0]l = centro[0] - imageSize[0] + S

FINDGEN(centro[0] - 2)

hFrequency = hFrequency/(imageSize[0]/intervalo) hFreqShifted =

SHIFT(hFrequency, -center[0]) vFrequency - INDGEN(imageSize[1])

vFrequency[center[1]l = center[1] - imageSize[1] + $

FINDGEN(centro[1] - 2)

vFrequency = vFrequency/(imageSize[1]/intervalo) vFreqShifted =

SHIFT(vFrequency, -center[1])

Calcular o espetro de potência da transformada.

powerSpectrum = ABS(fftShifted)^A2

; Aplicar uma escala logarítmica ao espetro de potência. scaledPowerSpect =

ALOGl0(powerSpectrum)

Apresentar o espetro de potência em escala logarítmica.

TVSCL, CONGRID(scaledPowerSpect, displaySize[0], $ displaySize[1]), 1

Dimensionar o espetro de potência para um máximo de zero.

scaledPS0 = scaledPowerSpect - MAX(scaledPowerSpect)

Crie uma outra janela e apresente a transformação escalada; como uma superfície.

WINDOW, 1, $

TITLE -'Espectro de potência escalado para um máximo de zero' SHADE-SURF, scaledPS0, hFreqShifted, vFreqShifted, $

/XSTYLE, A'STYLE, /ZSTYLE, $

TITLF='Espectro de potência máxima zero', $

XTITLE - Frequência horizontal", $

YTITLE -'Vertical FrequencY', $

ZTITLE ='Max-Scaled(Lo g(Power Spectrum))', S CHARSIZE- 1.5

Limiar a imagem com -5.25, que é um pouco abaixo do pico da transformada, para remover o ruído.

máscara = REAL_PART(scaledPS0) GT -5.25

Mascarar a transformação para excluir o ruído.

maskedTransform - fftShifted*mask

; Criar outro rvindorv e mostrar o espetro de potência ; da transformada mascarada.

WINDOW, 2, XSIZE = 2*displaySize[0], YSIZE = displaySize[1], $ TITLE-'Espectro de potência da transformada mascarada e resultados' TVSCL, CONGRID(ALOG I 0(AB S (maskedTransform "2)), $ displaySize[0], displaySize[1]), 0, /NAN

Deslocar a transformação mascarada para a posição do ; transformação original.

maskedShiftedTrans = SHIFT(maskedTransform, -center) **; Aplicar a transformação inversa à transformação mascarada.** inverseTransform = REAL_PART(FFT(maskedShiftedTrans, $ /INVERSE))

Mostrar os resultados da transformação inversa.

TVSCL, CONGRID(inverseTransform, displaySize[0], $ displaySize[1]), 1

FIM

<u>RemoverRuídoComLEEFILT</u>

PRO Remoção de ruído com o filtro de luz

Importar a imagem do ficheiro.

ficheiro - FILEPATH('abnorm. dat', $

SUBDIRECTÓRIO - ['exemplos','dados'])

tamanho da imagem - 164.641

image = READ_BINARY(fil e, DATA_DIMS = imageSize)

Inicializar um parâmetro de tamanho do ecrã para redimensionar o

; imagem quando a apresenta.

displaySize = 2*imageSize

Inicializar o ecrã.

DISPOSITIVO, DECOMPOSTO =0

LOADCT, 0

Criar uma janela e visualizar a imagem original.

WINDOW, 0, XSIZE- displaySize[0], $

YSIZE - displaySize[1], $

TITLE - Imagem original'

TVSCL, CONGRID(imagem, displaySize[0], displaySize[1])

Aplicar o filtro Lee à imagem.

filteredImage = LEEFILT(image, 1)

Criar uma outra janela e visualizar o filtro Lee imagem

WINDOW, 1, XSIZE- displaySize[0], $
YSIZE = displaySize[1], $
TITLE ='Imagem filtrada de Lee'
TVSCL, CONGRID(filteredImage, displaySize[0], $
displaySize[1])
FIM

Restaurar ImageData

PRO ex_saveiplot

Definir variáveis.

RESTORE, 'plotdata01 .sav'

Utilize a função LINFIT para ajustar os dados a uma linha:

coeff = LINFIT(ANO, SOCKEYE)

YFIT é a reta ajustada:

YFIT= coeff[0] + coeffllI*YEAR

Traçar os pontos de dados originais com PSYM =4, para diamantes: iPLOT, YEAR, SOCKEYE, /YNOZERO, SYM_INDEX= 4, $ SYM_COLOR=[255,0,0], LINESTYLE=6, $ TITLE='Quadratic Fit', XTITLE -'Year', $ YTITLE - População Sockeye".

Sobrepor a curva suave com uma reta simples:

iPLOT, YEAR, YFIT, /OVERPLOT

FIM

PRO done_event, ev

Quando o botão "Done" for premido, sair da aplicação.

WIDGET_CONTROL, ev.TOP, /DESTROY

FIM

PRO myApp

Ler um ficheiro de imagem.
READ_JPEG, (FILEPATH('endocelljpg', SUBDIRECTORY = $ ['examples', 'data'])). image

Encontrar as dimensões da imagem.
info = SIZE(image,/DIMENSIONS)
xdim= info[0]
ydim= info[1]

Criar um widget de base que contenha um widget de desenho
; e um botão "Concluído".
wBase - WIDGET_BASE(COLUMN)
wDraw=WIDGET_DRAW(wBase,XSIZE=xdim,YSIZE=ydim) wButton - WIDGET BUTTON(wBase, VALUE='Done', EVENT_PRO = 'done-event')

Realizar os widgets.
WIDGET-CONTROL, wBase, /REALIZE

Obter o ID do widget do widget de desenho'
WIDGET-CONTROL, wDraw, GET-VALUE=index

Definir a área de desenho atual para o widget de desenho' WSET, index

Mostrar alguns dados.

TV, imagem

Chamar XMANAGER para gerir o ciclo de eventos.

XMANAGER, 'myApp', wBase, /NO-BLOCK

FIM

<u>AdaptativoEqualizador</u>

PRO AdaptativoEqualizador

Importar a imagem do ficheiro.

ficheiro = FILEPATH('mineral.png', $

SUBDIRECTORY = ['examples', 'data']) image= READ_PNG(fi1e, red, green, blue)

imagesize = SIZE(image, /DIMENSIONS)

Inicializar o ecrã.

DEVICE, DECOMPOSED = 0 TVLCT, vermelho, verde, azul

Criar uma janela e visualizar a imagem original.

WINDOW,0,XSIZE=imageSizef01,YSIZE=imageSizef1],$ TITLE ='Imagem original'

TV, imagem

Crie outra janela e exiba o histograma da imagem original.

WINDOW, 1, TITLE='Histograma de imagem'

PLOT, HISTOGRAM(imagem), /XSTYLE' /YSTYLE' S

TITLE ='Mineral Image Histogtam', $

XTITLE ='Valor da intensidade', $

YTITLE = "Número de píxeis desse valor

Histograma - equalizar a imagem.

equalizedImage = ADAPT_HIST_EQUAL(image)

Criar outra janela e apresentar a imagem equalizada'

WINDOW.2.XSIZE=imageSize[0],YSIZE=imageSize[1],$

TITLE = 'Adaptive Equalized Image' (Imagem equalizada adaptativa)

TV, equalizedImage

Crie outra janela e exiba o histograma da imagem equalizada.

WINDOW, 3, TITLE= 'Histograma da imagem equalizada adaptativa' PLOT, HISTOGRAM (equalizedImage), /XSTYLE, /YSTYLE, $ TITLE = 'Histograma da imagem equalizada adaptativa', $

XTITLE = "Valor da intensidade", $

YTITLE = "Número de píxeis desse valor

FIM

REFERÊNCIAS

1. D.S.Taubman e M.w.Marcellin, JPEG2000: Fundamentos, normas e práticas da compressão de imagens.
2. J.W.Suh e Y.S.Ho, "Error concealment based on diretional interpolation".
3. Andrews, H. C., e Hunt, B. R., 1977, Digital Image Restoration, Prenitce-Hall, Englewood Cliffs, New Jersey.
4. Frieden B.R., "Image enhancement and restoration", em: Huang T.S., (Ed.), Picture Processing and Digital Filtering, Springer, Berlim, 1976, pp. 177-248.
5. Gonzales, R. C., Wintz, P., 1977 , Digital Image Processing, Addison-Wesley.
6. Hagemen, L. A., Young, D. M., 1981, Applied Iterative Methods, Academic Press, London'.

7. Huang, T. S., Barker D. A., Berger, S. P., 1975, Iterative Image Restoration, Applied Optics, vol. 14, No5, pp. 1165-1168.

8. Lagendijk, R.L., Beimond, J., 1991, Iterative Identification and Restoration of Images, Kluwer Academic Publishers, Londres.

9. Lagendijk, R. L., Beimond, J., e Boekee, D. E., 1986, "Iterative Image Restoration with Ringing Reduction", em Signal Processing III: Theories and Applications, I.T. Young et al. (ed.), Elsevier Science Publishers B. V., North-Holland.

10. Stark, H., 1987, Image Recovery: Theory and Applications, Academic Press, Londres.

11. Whal, F. M., 1987, Digital Image Signal Processing, Artech House, Londres.

12. Zehngtt, E., 1988, Iterative Image Restoration, Technion Press, Haifa.

13. Anelli.G., Broggi,A., and Destri,G., "Decomposition of arbitrarily-shaped morphological structuring elements using genetic algorithms", IEEE Trans, pattern analysis, machine intell., no 1. 20, no.2, pp. 2 I 7 -224.

14. Braceriell.R.N., "The Fourier transform and it's applications", terceira edição, McGraw -Hill, Nova Iorque.

15. Sid-Ahmed, M.A., "Image Processing: Theory, Algorithms, and Architectures", McGraw-Hill, Nova Iorque.

16. Prasad,L., e Iyengar.S.S "Wavelet Analysis with Applications to Image Processing", CRC Press, Boca Raton.

17. Russ,J.C., "The Image Processing handbook, third edition", CRC Press, Boca Raton, Fla.

18. Tasto,M., e Wintz,P.A., "Image coding by adaptive block quantization", IEEE Trans. Comm.Tech., Vol.COM- 1 9, pp.957 - 972.

19. Cooley,J.W., Lewis, P.A.W.,K e Welch, P.D., "'The fast Fourier transform and it's applications".

20. Chu,C., and Aggarwal,J.k., "The integration of Image segmentation maps using regions and edge information", IEEE Trans. Pattem Anal. Machine Intell., Vol.15, no.1, pp.124l-1252.

21. Centeno,J.A.S., e Haertel,V. "An Adaptive Image Enhancement Algorithm", Pattern Recog., Vol.30, no.07, pp.1183 - 1189.

22. CannonT.m., "Digital Image Deblurring by Non-linear Homomorphic filtering", tese de doutoramento, Universidade de Utah.

23. Antonini,M., Barlaud, M.Mathieu, P., e Daubechies, I., "Image Coding Using Wavelet transform", IEEE Trans. Image processing, Vol.1, no.2, pp.205-220.

24. Banham, M.R., e Katsaggelos, A.K., "Spatially Adaptive Wavelet-based multiscale image restoration", IEEE Trans.Image processing, vol.5, no.5, pp.619634.

25. Brigham, E.O., "The fast Fourier transform and it's Applications", Prentice Hall, Upper Saddle River, N.J.

26. Burus,C.S., Gopinath,R.A., e Guo,H., "Introduction to Wavelets and Wavelet Transforms, Prentice Hall, Upper Saddle River, Nj., pp.25 0 -25 I .

27. Crtmani,A., Guiducci,A., e Grattoni,P., "Image description of Dynamic Scenes" pattern recognition, vol.24 ,no.7 , pp.66l -674 .

28. Gonalez, R.C., "Image Enhancement and Restoration", in handbook of pattern recognition and Image processing, Young, T.Y.,Fu,K.S., Academic press, New York, pp. 191-213.

29. Stark, J.A., "Adaptive Image Contrast Enhancement Using Generalizations of Histogram Equalization", IEEE Trans. image processing, Vol.9, no.5, pp.889-896.

30. Gonzalez e Woods," Digital Image Processing", Prentice Hall, terceira edição, 2002.

31. Ken Bowman, "An Introduction to Programming with IDL"; 32. Liam E. Gumley, "Practical IDL Programming", Morgan Kaufmann Publishers, segunda edição.

33. David W. Fanning, "IDL Programming Techniques" Amazon.com, segunda edição, pp. 307-362.

Printed by Books on Demand GmbH, Norderstedt / Germany